U0184594

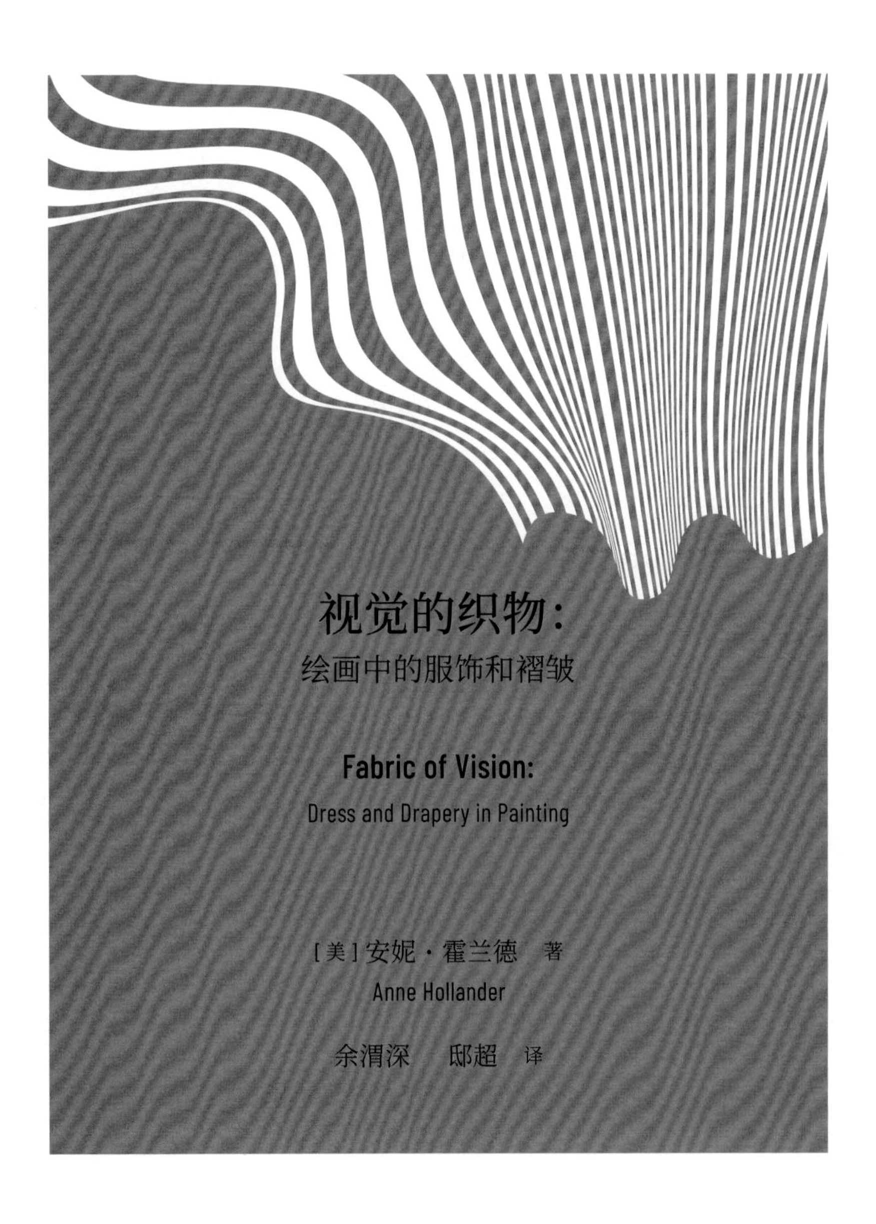

视觉的织物：

绘画中的服饰和褶皱

Fabric of Vision:

Dress and Drapery in Painting

[美] 安妮 · 霍兰德 著

Anne Hollander

余渭深 邱超 译

重庆大学出版社

图书在版编目(CIP)数据

视觉的织物：绘画中的服饰和褶皱 / (美) 安妮·霍兰德 (Anne Hollander) 著；余渭深，邸超译. -- 重庆：重庆大学出版社，2024.2
（万花筒）
书名原文: Fabric of Vision: Dress and Drapery in Painting
ISBN 978-7-5689-4263-8
Ⅰ. ①视… Ⅱ. ①安… ②余… ③邸… Ⅲ. ①服装—绘画技法—研究 Ⅳ. ①TS941.28
中国国家版本馆CIP数据核字(2023)第247231号

视觉的织物：绘画中的服饰和褶皱
SHIJUE DE ZHIWU：HUIHUA ZHONG DE FUSHI HE ZHEZHOU

[美] 安妮·霍兰德（Anne Hollander）——著
余渭深　邸超——译

策划编辑：张　维
责任编辑：李桂英
责任校对：邹　忌
书籍设计：崔晓晋
责任印制：张　策

重庆大学出版社出版发行
出版人：陈晓阳
社址：（401331）重庆市沙坪坝区大学城西路 21 号
网址：http：//www.cqup.com.cn
印刷：天津图文方嘉印刷有限公司

开本：720mm×1020mm　印张：17.25　字数：318 千
2024 年 2 月第 1 版　2024 年 2 月第 1 次印刷
ISBN 978-7-5689-4263-8　定价：99.00 元

Philip Lord Wh
1632 about ye
of 19.

版贸核渝字（2023）第 033 号

目 录

致谢

2002年，英国国家美术馆出版了我的这本书，并举办了同名展览。

这场展览及其撰写配套图书的想法要归功于帕特里夏·威廉姆斯(Patricia Williams)，她当时是英国国家美术馆出版公司的总监。帕特里夏经常与我深入交谈绘画中的布料和衣服形象，据此，她提出了将绘画中的服饰作为在英国国家美术馆举办展览的主题构想。她告诉我如何将这一构想转化为提案，然后将其提交给英国国家美术馆，并得到了令人满意的回复。本书在形成之初，她就给予我很多帮助，塑造了本书的特点，实现了图书出版与展览的融合。我对她的帮助倍加感激，她的建议和帮助，让本书得以呈现。

当我着手本书的写作时，我对博物馆展览并没有任何经验，顶多算是许多画廊的常客。我要特别感谢展览和陈列部主任迈克尔·威尔逊(Michael Wilson)，他和蔼可亲，负责与我的沟通，他让我了解了展览筹备的全过程，他的帮助事无巨细。

当然也要感谢当时的英国国家美术馆馆长尼尔·麦克格瑞格(Neil MacGregor)，他的肯定成就了这个项目。在工作完成的过程中，他发现了一些尖锐的问题，并提出了许多恰当的建议。

不仅如此，我对他的感谢更是体现在他的身份上，他作为英国国家美术馆的馆长，是国家美术馆的代表。很久以前，当我第一次踏入英国国家美术馆时，还是一个学习艺术史的美国大学生，第一次跨越大西洋步入它的时候，顿感震撼，它给我带来了如此大的启发。我带着素描本一次又一次地去观摩，临摹了曼特格纳(Mantegna)、埃尔·格列科(El Greco)和罗吉尔·凡·德·韦登(Rogier van der Weyden)的织物褶皱，这三位画家的作品都包括在这场展览中，它们是最早激发我对画作中的褶皱和衣服关注的作品之一。

安妮·霍兰德

纽约，2002年6月

推荐序

安妮·霍兰德在她的第一本书《透过衣服》(*Seeing through Clothes*)中提出，不断变化的服装时尚是"与形象塑造的创造性传统相互关联的环节"。甚至我们感知和表现裸体的方式也受到艺术家描绘人体衣着方式的影响。因此，戈雅(Goya)的裸体玛雅女郎与那些穿衣女郎一样，都有相同的"挺立、分离的乳房和僵硬的脊柱"(由无形的紧身衣塑造)。在《视觉的织物：绘画中的服饰和褶皱》中，霍兰德继续探索艺术家们使用衣服和悬垂织物的方式，以强化所描绘的人物并赋予其情感力量。

这本书是她 2002 年在伦敦的英国国家美术馆举办的展览的一个部分，出色地展现了她作为艺术史学家和服装史学家的智慧和技能。正如她所观察到的，"服装出现在所有传统的具象绘画中"。但现代观众往往对服装所表达的蕴含意义感到一片茫然。例如，当看中世纪或文艺复兴时期的圣经场景画时，我们大多数人都不知道所描绘的衣服是历史上的服装、传奇的服饰、最新的时尚，还是它们的某种组合。在对具体画作的分析中，霍兰德解释了在描绘人物时为何选择特定的服装，以及这些风格意味着什么。

但风格不仅是一个服装问题，其自身也是一个值得研究的问题。我们该如何看待那些充斥在许多画作中的浮夸的、令人目眩的织物？在巴洛克时期的美女画中，她们往往穿着轻飘飞扬的衣物，褶皱被用来"强化人物的感官品质"。在宗教艺术中，画家们早就注意到褶皱在绘画中的作用，它们常被用来描绘"那些类似面纱，近乎于斗篷，包括饰带，以及像长袍一样的裹身织物"，在肖像画中，画家们用富有表现力的纺织品进行渲染，作为静态正式服装的背景。

并非所有的画作都是以时尚的服饰来展示绘画人物。到了 18 世纪，随着关于模仿自然和古典的新观念的兴起，年轻女性流行穿着一种奇异服出现在画像中，有的奇异服是指模仿古代的垂挂衣饰；有的奇异服的灵感则来自近乎于东方的服装样式，呈现出优雅，具有现代风格的服装。这类服装经常出现在那些令人钦佩的画家的作品中，形成特有的描绘风格，如鲁本斯(Rubens)或凡·戴克(Van Dyck)。

《视觉的织物：绘画中的服饰和褶皱》的内容大致按时间顺序进行安排，同时也突出了一些重要的主题，如男性时尚中浪漫主义简约的发展趋势。其他学者强调了现代男装的“功能主义”，而霍兰德则更看重它的美学特征，即“西装似乎比其他服饰能更好地再现男人的身体”。书中还有两个最吸引人的章节，探讨了艺术家在描绘女性身体和服饰时，如何处理两者之间的亲密关系，对此，书中进行了对比分析。在“裸体与模式”一章中，作者探讨了在艺术家的画作中女性裸体的呈现方式，她认为，“裸体呈现的方式也深受时尚潮流的影响”。在“穿出来的女人”一章中，作者探讨了某些艺术家，特别是19世纪晚期的艺术家，揭示他们是如何选择以某种方式来描绘一个独特的女性形象，意味着“衣服创造了她”，指出“女人时尚的身体与她的私人心态是不可分割的”。最后一章讨论了现代主义的兴起，展示了画家们如何利用风格化来“挖掘感官和情感上的深度”，对衣着者的身体进行新的渲染。

阅读这本书就像让霍兰德陪同我们穿越我们最喜欢的艺术博物馆，帮助我们通过对服装、衣饰褶皱，以及身体(无论是穿衣还是裸体)的密切关注，真正欣赏并理解艺术作品。

瓦莱丽·斯蒂尔（Valerie Steele）
纽约，2015年11月

前言

衣着出现在所有传统的具象绘画中，常常占去画面三分之二的空间，却似乎又不被人注意。即使占据了大幅空间，也没人对衣服提出单独欣赏的诉求，服装总是被它的穿着者所同化，所以衣服仅仅是个人身份快速识别的标记，显示谁是国王或天使，奴隶或士兵，男人或女人，就像戏剧人物一样。在戏剧性的场景中，艺术家对人物服装的呈现可能会被忽视，除非有刻意的提醒，即使如此，讲述故事的面孔和姿态也会以牺牲衣饰褶皱为代价来吸引人们的目光。

事实上，任何具象艺术家对绘画空间的每一部分都有同样的兴致。无论他采用何种方法描绘衣服，采用何种表现手段，都只是一种形式上的决定，其重要性不亚于他对脸和环境的描绘。因此，如果画家谙熟如何将服装与脸部和手势配合，那么服装在画面中的暗示作用就会更大，这样就能更好地发挥其作用——引导视线，聚焦情绪和态度，明显或不明显地进行微妙的暗示。例如，《蒙娜丽莎》(*Mona Lisa*)所体现的魅力，在相当大的程度上取决于薄薄的面纱，它与她垂下的头发一起形成了暗淡的轮廓，她的斗篷跨在单肩上，领口有一条窄带，垂下许多规则而模糊的褶皱。如果对面纱、裙子和围巾的细节做出不同的决定，一定会在她的微笑中产生不同的效果。

同样，在安格尔(Ingres)的肖像画中，服装总是非常重要，它被巧妙地呈现出来，以至于在不经意间增强了脸部的表现力。安格尔只用铅笔记录了服装的每一个细节，相比皮肤和脸部特征的描绘，细节要少一些；而且他使这些细节逐渐变得粗略和草率，尽管不乏精确性，但离眼睛、鼻子和嘴巴的精致度仍有差距。其效果是将人们的注意力更加集中在面部，但并未完全摒弃服装自身的优雅细节。

本书追溯了一条不平坦的道路，涉入绘画褶皱和衣服这一巨大原野，领略其精妙所在。书中的章节分析了西方艺术家在绘画中使用服饰和褶皱作为艺术表达成分的一些方式，其时间跨度从15世纪中叶到20世纪中叶。这个主题在西方绘画的三个不同的重大变革时代都有充分的展现：文艺复兴时期，18世纪末的新古典主义时期，以及在20世纪开启的现代时期。

我们将看到，在16世纪到18世纪末的漫长时期，艺术经历了曼纳主义[1]、巴洛克和洛可可的美学转变，画家们在很大程度上发展了文艺复兴时期的图画衣饰褶皱的技艺，其发展方向呈现多元，使其摆脱自身的束缚，成为一种完全的绘画内容，建构起艺术中的传奇服饰和当代服饰之间的动态关系。在19世纪，我们可以看到，很多为表现褶皱而设计的衣饰如何在具象绘画中走向边缘化，很大程度蜕变为一种历史或古典幻想的对象（尽管在静物画中褶皱得以保存），在画家的眼中，更多关注的是现代男女服装的情感和情欲表现。

在19世纪上半叶，画家们对两性的服饰做了不同的处理，显示出浓郁的浪漫主义色彩。在19世纪下半叶，可以看到在此基础上，又出现了对男女服装形式差异的操纵，以期控制画面的氛围，艺术家们开始通过采用多种形式和策略，直接展示服装的心理特征。本书的研究路径以20世纪上半叶的画家为终点，他们再次强调了对中世纪画家提出的形式重要性的接受，正如文艺复兴早期画家所做出的努力那样，实现对平面、风格化的模式创作的超越。现代艺术家再次将这些策略应用于服装和衣饰的创作，但新的描绘更多表达的是个人目的，体现了一个世纪以来的浪漫主义和现实主义对个人艺术自由信念的支撑。

鉴于艺术家的创造力和令人信服的眼光，图画中的服饰对生活中的服饰认知有很大的影响。在艺术中，我们有可能看到衣服的真实面目，也就是说，一个富有想象力、同情心和理解力的视觉艺术家总是让服装呈现在

1 曼纳主义（Mannerist）：也称（绘画的）风格主义或矫饰主义。

我们的眼前。他们对服装的呈现，常常以一种理想的方式，特别强调它们的结构形式，并以精湛的技巧表现了其风格特征。只有经过艺术训练的眼睛，才能在现实世界中看到这些效果，即使在现实世界中，并未完全达到那样的艺术标准。但标准成为一种内心感觉——对存在于图画观看的方式和信念，能在生活中自觉或不自觉地被践行。恰似面对镜子，我们看见了一张又一张虚拟的图画，显示的仅仅是我们如何衡量自己。

现在，我们用来衡量自己的图像通常是各种摄影艺术作品，这些作品所强调的风格化程度与前摄影时代的壁画和架上绘画曾经使用过的那种强调和风格一样有表现力。可以想象，文艺复兴时期威尼斯的时髦人士是如何追求衣着完美的，他们期望实现提香（Titian）对完美衣着优雅的愿景，那些在巴洛克时期的英国人也看着自己正在实现凡·戴克的衣着愿景。我们也可以想象，1340 年的锡耶纳市民看着市政厅里安布罗吉奥·洛伦泽蒂（Ambrogio Lorenzetti）的《好政府与坏政府》（*The Good and Bad Government*）壁画，看到自己被如实地描绘出来，仿佛明白了自己的真实模样。几个世纪后，我们相信他们确实和画中的人物穿得一模一样，尽管画中每个人都穿上了令人难以置信的光滑的长筒袜，在现实中这种袜子无疑会起皱。当时针织机和合成纤维还没有发明出来，远未达到结束长筒袜褶皱的时代，但洛伦泽蒂指出，没有人希望注意到 1340 年长筒袜的褶皱，所以在画中，他们所看见的长筒袜总是非常光滑的。

本书讨论的最早的画家，即欧洲 14 世纪和 15 世纪的画家，他们非常推崇那些古代艺术家，他们流传下来的雕塑作品，为表现披着衣饰的外貌确立了令人信服的标准。文艺复兴时期的画家们在古典标准的启发和指导下，继续发展他们自己的权威方式，以呈现他们经过自己时代修订的垂坠服装。他们在表现写实褶皱方面创造了辉煌的遗产，成为后来几代画家创作的源泉，在他们的生活中，衣服的褶皱并没有日常使用的价值，但他们发现褶皱的呈现是一个持续的艺术挑战和资源。画家们可以利用褶皱为他们的画布注入额外的活力和原始的美感，无论是为了暗示人性的力量或真正的神性，还是为了加强他们严格的艺术标准，制作量身定做的服装，或是为了改善盘子里的水果的外观，褶皱是不可或缺的。

无论是否身着衣饰，很明显，衣饰本身对艺术家来说是非常重要的，因为它们是人类世界中强有力的视觉现象，其重要性就像脸一样强大。同样明显的是，画作的观众从艺术家那里学会了如何体验更丰富的视觉生活，学会了如何更全面和更富有想象力地欣赏。因此，正如绘画风景向我们展示了观看风景的方法一样，绘画服装也向我们展示了服装是如何反映人类生活的面貌的。对此，本书的许多章节讨论了画家如何让服饰和褶皱在画作中灵动地呈现，磨练我们的眼睛，使我们在艺术和生活中能够不断提升洞察力、理解力和敏锐的直觉，保持着美的感知。

雅克 - 路易斯 · 戴维（Jacques-Louis David，1748—1825），《白衣少女的肖像》（*Portrait of a Young Woman in White*），约 1798 年。布面油画，125.5 厘米 ×95 厘米。华盛顿国家艺术馆提供。

第一章 荣誉之布

CHAPTER I

Cloth of Honour

古典希腊时期的衣着非常简单。大多数民众的服装是按尺寸织成的长条状织物，在织布机上织出后，就直接穿在身上，挂起来，包起来，或者捆绑起来，固定在身上。一套衣服由身上的一件里衣和外面的一件包裹组成；根据穿着者的性别、职业和所在地区，以及衣服的功能，这两件衣服的大小长度，以及悬垂和固定的风格都有所不同。裁缝通过对布段的裁剪和拼接，制成立体服装，他们的工作往往是不为人知的。衣服的美取决于编织织物的区别，以及它在个人身体上所体现的优雅或恰当性。衣服的任何丑陋或笨拙都来自缺乏这种适当性和差别性，或来自明显的材料失修。除此之外，衣服的美感还取决于穿着者移动时织物褶皱的呈现，或者在于它们外形的稳定性，即使刮大风，或在其他极端的情况下，穿着也不会有大的影响，不会使穿着者尴尬。

古典希腊艺术中描绘的衣饰褶皱其实就是真实衣服的再现。艺术家们用多种方法来提升这些衣服在作品中的视觉效果，即便在石头上创作，也刻画出生动的褶皱，体现出人物的风格，显示出织物的动静状态，使它能够在一个雕刻的浮雕上庄重地表现出人物的移动和行进，或者雕刻出战斗的激烈场面(图 1)。雕刻布料的破碎表面，或披挂身旁，或掉落地上，可能会裸露出部分身体，或全身裸体，保持作品的质感光滑；大理石波纹具有可触感，仿佛可以触摸到衣服下人物的身体（图2）。

石头质料复杂，要在这种静止的艺术媒介上刻画出松散、易变的纺织品，需要具有深厚的艺术造诣。为了让人信服地读出衣料的薄或厚、冷静或热情，褶皱的表现在艺术史上留下了许多精心刻画的典范。在古典时期之前，希腊雕塑家依靠图案来表达布料的质感，但在公元前5世纪前后，为了再现织物的自由下垂和飘逸的状态，艺术家不断尝试，这些尝试无论是在希腊原作中，还是在罗马复制品和近似作品中都清晰可见。所有这些都一如既往

图1（上）
雅典人（Athenian），约公元前410年，雅典娜神庙中的《战神尼克在调整她的凉鞋》（*A Nike Adjusting her Sandal*）。彭特利库斯山大理石，高107厘米。雅典卫城博物馆，雅典。

图2（下）
佩加门（Pergamene），约公元前164—前156年，《赫卡特与怪物搏斗》（*Hecate Fighting a Monster*），出自佩加门祭坛的东侧楣板。大理石，高230厘米。柏林国家博物馆，古董馆。

图 3（左）
托斯卡纳，13 世纪，《圣母子与两个天使》（*The Virgin and Child*）。木板淡彩画，36.5 厘米 × 26.7 厘米。国家美术馆，伦敦。

图 4（右）
希腊，公元前 4 世纪中期，《坐着的女人》（*Seated Woman*），坟墓浮雕的碎片。大理石，高 122 厘米。大都会艺术博物馆，纽约，哈里斯 · 布里斯班 · 迪克基金，1948 年，单号 48.11.4。

地接受了艺术锻造，时至今日，这些手法已经炉火纯青，具有非同寻常的可信度，以及非同寻常的多样性。其结果是，早在帕特农神庙的雕塑开始时，对衣服和身体的雕刻，就能做到栩栩如生，往往让观众认为雕塑家创造了完美——自然外观的风格化，没有任何细微的瑕疵。

真实的衣服总是古希腊艺术作品的基本参照物，真实性栖息在希腊雕塑家所采用的全部衣饰表达的套路中，这一事实唤起了褶皱自诞生以来所受到的尊重。即使雕塑的褶皱以极端的方式表现飞扬或紧贴身体，或以直接经验中没有的超规则节奏下垂，观众也不会对表现中的基本保真度给予任何否定。垂下的布料，无论它的褶皱如何华丽，都不是凭空出现的，总是作为场景或人物的补充，额外的布料不会随意出现在不恰当的地方，也不会被用于它们在现实中不可能服务的艺术作品中。它的所有部分都反映了时代观众所理解的一个恒定的生活事实，艺术理解也是如此，熟练应用的视觉修辞必须是一个恒定的艺术事实的反映。

许多代人以后，在欧洲文艺复兴时期，服装和褶皱在现实生活中不再是同义词，但布料的多重褶皱在生活中仍然很常见。纵观 15 世纪的绘画，我们可以看到，意大利和尼德兰的画家都在以不同的方式呈现衣饰褶皱，他们都在寻求发展类似于古代雕塑绘画的风格，以产生同样完美的布料质感。为了达到最佳的效果，15 世纪的画家们力求在布料的质感上下功夫，无论是在画面的处理上，还是对褶皱绘画的修饰上，都体现出他们对织物质感的追求。

在中世纪早期的基督教神像艺术中，呈现衣饰身体的真实面貌的古老方式已经逐渐被抽象化和仪式化方式所替代。对褶皱的绘画表现，与其说是根据对使用中的布料的直接观察而进行的调整，不如说是对表现衣服的绘画的程式化安排。如果将 13 世纪的托斯卡纳（Tuscan）圣母像（图 3）与古典希腊石碑上的女性形象（图 4）进行比较，我们可以看到艺术中对古代三维立体感和栩栩如生的流动性的传承，同时，对于那些过分矫饰，缺乏艺术性的皱褶描绘方式，也在绘画中以装饰性的线性图案和生动的平面色彩的形式得以保存下来。

一幅保留了拜占庭传统的克里特（Cretan）圣像（图 5）到 15 世纪时仍显示出对褶皱线条的大肆渲染，同时也体现了对人物全身造型的关注。这些服装建构的是图画传奇的一部分，而不是现实生活。

大约从 1300 年开始，佛罗伦萨的艺术家乔托（Giotto）开始用一种新的、直接的眼光来表现褶皱的真实状态。在《十日谈》（*Decameron*）中，薄伽丘称乔托是一位非凡的天才，他“使一种被埋没了几个世纪的艺术重见天日”，还说他遵循自然，

图 5（左）

克里特，约 1425—1450 年，《圣象画》（*The Deesis*，基督与圣母和施洗者圣约翰）。木板淡彩和金色，68 厘米 × 48 厘米。

图 6（右）

乔托 · 迪 · 邦多内（Giotto di Bondone，约 1266/1267—1337），《约阿希姆和牧羊人》（*Joachim and the Shepherds*），选自《圣母的生活》，约 1305—1313 年。壁画，200 厘米 × 185 厘米。斯克罗维尼礼拜堂，帕多瓦。

使事物看起来具有真实感，而不是画出来的；不过，薄伽丘从未说过乔托是遵循古代绘画方式的典范。乔托的画像上的褶皱显示出与古希腊雕塑中的一些人物有很强的相似性，尽管欧洲中世纪的服装已经变得更加复杂，而且早就包括了许多量身定做的部件。

例如，在乔托的《圣母的生活》(*The Life of the Virgin*)壁画中(图 6)，当人站在真实的空间中时，垂下的衣服好像包裹着他们，褶皱似乎不受影响地服从于重力法则和真实布料的特性，自然摆动、下垂或收起。我们可以在一尊模仿古典希腊风格的罗马帝国雕像中看到类似的表达，那是一个穿着斗篷的男孩(图 7)。乔托画的牧羊人穿着一件裁剪缝制的带有袖子的长衫，而不是未经裁剪的布料，但其中一个牧羊人的长方形斗篷就像罗马男孩的一样，画面中褶皱下垂的线条有明显的雕塑效果。约阿希姆(Joachim)穿的是一件较

图 7（左）
希腊 - 罗马，公元 1 世纪，《特拉里斯男孩》（*The Tralles Boy*）。大理石，带基座高度 147.5 厘米。考古博物馆，伊斯坦布尔。

图 8（右）
罗马人根据希腊原作的复制品，约公元前 440—前 430 年，《索福克勒斯》。大理石，高 204 厘米。梵蒂冈博物馆，罗马。

长的衣衫，似乎与公元前 5 世纪雕刻的《索福克勒斯》（*Sophocles*）（图 8）所穿的衣服相似，线条下垂，和谐自然。

在乔托之后的两代人中，大多数画家的原创性都逊色于他；但我们可以从贝尔纳多·达迪（Bernardo Daddi）14 世纪 30 年代的《圣女的婚礼》（*The Marriage of the Virgin*）中看到，在对衣饰褶皱的刻画方面，他们摆脱了宗教艺术中的古老程式，取得了明显的进展（图 9）。他们在手和头发的刻画方面，也进行了新的尝试，有所突破。他们采用新的手法表现阴影，

如采用前景缩短的手法，突出表现宽松的长衣服，下摆及地、垂落拖逸在地上。后来，大约在1350年，一幅归于阿莱格雷托·努齐（Allegretto Nuzi）的木版画，塑造了圣凯瑟琳（Saint Catherine）和圣巴塞洛缪（Saint Bartholomew）的贵族形象（图10），显示了新的褶皱造型技术。尤其是巴塞洛缪，当他披着斗篷露出上身时，他似乎从背景中脱颖而出，凹凸的褶皱，一道道狭窄的条纹，在条纹的脊背上捕捉到清晰的光条，前景中显示出更大的光照区域。他的胡须和头发浑然一体，难以分辨。然而，圣凯瑟琳的发型却很清晰；两位圣人都穿着带有整体设计图案的长袍，边缘的阿拉伯式纹路在对比鲜明的衬里中得到加强。尽管是新的造型，但这些装饰效果倾向于将这幅画与乔托的雕塑式创新拉开距离，并使这些人物造型与那个世纪后期在佛罗伦萨盛行的更多具装饰性的风格协调一致。

在我们列举的例子中，乔托画的衣服和古典雕刻上的衣服在织物选择方面，有较高的一致性，纹理基本相同。乔托为圣洁的约阿希姆和卑微的牧羊人所画的服装似乎来自同样的材料，具有柔性、不透明和编织紧密的特点，这些衣服与索福克勒斯和罗马男孩、石碑上的女人以及帕特农神庙浮雕上许多人物所穿的衣服的布料相似。乔托似乎将使用于不同人物的颜料涂

抹在一种通用的完美羊毛织物上，其哑光效果适合壁画媒介，而且能够营造一种雕塑感。他给约阿希姆的斗篷加上了谨慎的金边，而不是花纹织物，似乎是为了让观众的注意力集中在画面中所有褶皱的自然外观上，从而避免画面的凌乱、颜色的冲突，造成观看者视线的分散。

一个世纪后，在15世纪20年代，从马萨乔（Masaccio）的绘画中，我们看到了他对乔托雕塑法则的尊重。他给所有的

图9（上）
贝尔纳多·达迪（约1300—1348），《圣女的婚礼》，约1339—1342年。木板淡彩画，25.5厘米 ×30.7厘米。皇家收藏，女王画廊，白金汉宫，伦敦。

图10（右）
归于阿莱格雷托·努齐（1316/1320—1373/1374），《圣凯瑟琳和圣巴塞洛缪》（*Saint Catherine and Saint Bartholomew*），约1350年。木板淡彩画，83 厘米 × 51 厘米。国家美术馆，伦敦。

CHATERINA
BARTOLOMEU

人物都穿上了同样的中性材料的衣物，以便最清楚地展示其褶皱的简单、突出的模式、光照准确，根据主题和构图的需要，为不同的人物染上不同的颜色。他通常也只添加金边或边框来增加丰富性。然而，在真正的服装中，最为重要的是适合身体的剪裁。与乔托展示的服装相比，在艺术家对服装的描绘中，随着解剖学知识和实际时装的发展，对身体形态的审美意识开始出现。

马萨乔在布兰卡奇教堂创作的壁画《进贡的钱》(*The Tribute Money*)(图 11)展示了一个现实中的代征税人与《圣经》中的耶稣基督和圣彼得接触的场景，后者面向观众。画面中那个背对观众的人，也许是一个焦虑的下属，而不是官员本人，他穿着一件饱满的短款束腰紧身上衣，在背部中央拼接，以适应他的肩宽，其长袖渐渐缩小到手腕处，右边的袖子没有系上，领口上方露出一条薄薄的衬衫线条。同时，他穿着衣服的身体展现了一个优雅的古典姿势，在他下摆的褶皱下，光脚和双腿形成支撑。在两条腰带的曲线和褶皱的风格中，马萨乔将这个现实人物的服装与《圣经》中的基督和他的门徒的服装紧密融合起来，画面中这些人物的描绘所体现的融洽性远远超越了乔托的画作。乔托根据《圣经》描绘了约阿希姆和他的现代牧羊人，两者的出现恰似舞台上的相遇。我们所说的《圣经》服装，是指大约16世纪以来耶稣和许多男性圣徒在艺术作品中所穿的衣服，包括长袖及地长袍，系着腰带或不系腰带，上面裹着一件大衣，它通常搭在一个肩膀上和另一只胳膊下，有时也像约阿希姆那样把披风搭在两个肩膀上。这两种服装的变体是欧洲男性服饰发展的共同基础，大约从4世纪开始，一直延续到拜占庭帝国——这种服装出现在晚期的古代雕塑中，并在拜占庭的圣像中重复了几个世纪(见图5)。

男性的宽松长袍源自东方，起初遭到古代露腿的罗马男性的蔑视，被视为娘娘腔，但他们的后代还是采用了这种长袍；不过，这种长袍最终在欧洲还是遭到了抛弃，冻结在修道院服装和教堂法衣的元素中。大约从7世纪开始，普通的男性服饰由窄且短的外衣和衬裤、紧身裤和鞋袜组成，所有这些元素都有助于突显男性腿部和脚部的形态。这些腰部以下的时装元素来自高卢、法兰克和丹麦等地，它们最初被罗马人看作是野蛮的、突显男性暴力的。最终，它们被改成带护裆的紧身裤、各种马裤和各种靴子，一起纳入男性衣柜。到了12世纪，男性的带护裆的紧身裤有了变化，包括精心处理的褶皱。这时，新式的长袍，上面看似精致合身，下面有规范的褶皱，作为贵族的优雅服饰重新出现，他们无疑希望恢复长袍的尊严，同时又不失男性的风度。这种模式一直持续到15世纪，各种具有包裹功能的披风和斗篷

图 11
马萨乔（1401—1428），《进贡的钱》（细节），出自《圣彼得的生活》（*The Life of Saint Peter*），约 1423—1428 年。壁画。布兰卡奇教堂，247 厘米 × 597 厘米。圣玛丽亚·德尔·卡明，佛罗伦萨。

在各个阶层的使用从来没有停止过。

因此，在马萨乔的时代，男性身体上聚集和垂下的织物在那个时代的服饰中随处可见；其中最主要的实际效果还是对男性腿部的单独处理——正如《进贡的钱》所显示的那样，当时的男性穿着也可裸露腿部的皮肤，借此变成一种古典的暗示。但在许多艺术绘画中，耶稣和他的门徒们始终穿着长而宽松的 4 世纪风格的长袍，在马萨乔、乔托和他们的继承人那里，以及从那时起在每个人的记忆中，基督教在早期几个世纪的所有圣徒和殉道者，以及许多天使的主人都穿着那样的长袍。

艺术中的女性圣经服装与男性版本有一些相同的特点，都遵循4世纪晚期的古代服装风格，即类似的带袖长裙，外搭披肩，披肩的一部分可垂落在女性头上。但是，女性服饰始终置身在古代世界里，一个个充满生气的男人早已裸露出他们的腿部，除隐私部位外，甚至还可以裸露自己的身体。早在中世纪，男人就开始展示他们的腿，并让他们的衣服突显他们的身材，但女性却始终保持着保守的外表，沿着古典时期的传统，一直穿着飘逸的长裙，并且一直到基督教时代的20世纪，这种裙子一直是女性的必备装束。

直到14世纪后期，欧洲女性才开始将长裙收紧在躯干周围，显出妩媚，降低领口，更为诱人，同时加宽或拖长裙摆，并发明了多种形状的袖子。这意味着长及鞋面的、有长袖的、高领的无形状长袍（如长裙、束腰外衣、紧身外衣等），在欧洲女性的衣橱里延续了一千多年，没有什么变化。实际上，穿着时可系上腰带，也可不系腰带，常常穿在长衫（如女士衬衫、罩衫、宽松睡衣裙等）外面，节日时也可在外面罩上一件没有形状的宽袖子长衫（如礼服、柯特哈蒂裙、苏尔外套等）。斗篷可以套在任何衣服上；头上还需戴着某种形式的面纱，遮住脖子和下巴；在面纱下，或与面纱一起装饰头发，要么辫子梳理成盘状，要么采用其他方式束起。只有年轻的未婚女孩可能会留着松散的、没有遮挡的头发。

在14世纪中期以前的宗教绘画中，圣母和女圣徒可以同时穿着这种服装，既符合时代要求，又符合圣经规约。你可以在达迪的画作（见图9）中看到，右边的圣女所穿的长直裙与左边那一群聚集在踌躇满志的约瑟夫（Joseph）身后的求婚失败者所穿的长袍非常相似。然而，这些求婚者的礼服可以被解读为旧时代的服装，而不是当时的服装样式，因为1340年优雅的年轻人都会穿着短而合身的上装和紧身长裤，画中玛丽（Mary）的衣服也是符合古制的。任何人在那个时候看到这幅画，都会认为圣女和她的随从的着装在某种程度上是世俗的，她们的服装就像女性本身一样永恒，而男人们则穿着有历史意义的古代服装出席特定的活动。

从玛丽的穿着，可以看出这种女性服饰的基本风格——既是裙子又是长袍，她的内袖从外袖中露出来——在欧洲画家1350年之后的数百件作品中都能看到这种穿在圣母和圣徒身上的服饰。当然也有一些变化，衣服的版型、袖子、领口和腰线等都有调整，以便与开始快速变化的时尚相协调。达迪的新娘圣女没有披斗篷，他之后的画家通常在她的单层或双层礼服上披上斗篷，把它当作面纱的一部分，就像古典和古代晚期的习俗那样，或者增加一个单独的面纱，在后来的现实生活中，这些习俗都得到了延续。

在15世纪后期，马萨乔之后，意大利绘画中的服饰显示出更大的发展，我称之为圣经、旧时代或传奇的服装。事实上，“传奇”可能是一个更好的术语，指的是画中人物所穿的服装，不仅包括新旧约中的事件，还包括伪经、圣徒传和早期编年史中的故事，以及希腊和罗马历史、神话中的情节，也包括中世纪的浪漫故事——任何属于传奇的东西，无论是神圣的还是世俗的，无论是真实的还是虚假的。这些人物的服装设计显示了一定的多样性，既参考了早先几个世纪的时尚和古代著名艺术作品中的服饰（或参考了其他画家的作品），又吸纳了当下的服饰时尚及其表现形式，以及当时用于庆典和其他表演的服装。服装样式出现了类似的混合。

图 12
列奥纳多・达・芬奇（1452—1519），《报喜》，约 1472—1475 年。木板淡彩画，98 厘米 × 217 厘米。乌菲兹美术馆，佛罗伦萨。

这些绘画中的服装有时被用来表达真实肖像人物的传奇性联想——在这种情况下，我们不得不怀疑坐着的人是否拥有，并真正穿着这样的衣服，或者是为了画中的穿着而特别制作，或者完全是由画家自己发明的。艺术中的传奇服饰的设计必须与它呈现的风格区分开来——例如，在马萨乔的作品中，耶稣穿着传奇衣服，而收税员则没有；不过他们的衣着有一些共同的特点。

在列奥纳多・达・芬奇（Leonardo da Vinci）15 世纪 70 年代早期的《报喜》（*Annunciation*）（图 12）中，玛丽的衣服是传说中 4 至 14 世纪的裙装和斗篷的新版本。那些样式已经过时一百多年了，其传奇性外观体现了画家的现代润色。装饰性的金颈带是佛罗伦萨艺术中圣母的传统配饰——我们在迪达的画中也能看到——

但画面上丰富的褶皱是现代的。整个服装的效果在那个时代已经超越了乔托和马萨乔，有对比鲜明的衬里，丝质的纹理清晰可见，衬托出画中衣冠褶皱的重量感、运动感，还展示了底层服饰的华丽效果，是一种力量的彰显。圣母腰部以上是柔软下垂的面料，暗示着下面的胸脯，不难看出希腊古典服饰的影子（见图 2）。

然而，图中送信天使的服装也耐人寻味，紧身袖子沿着前臂连接到白色衬衫袖的下面，这种工艺在今天看来依然是一种时尚手法。虽然这位天使穿着传奇裹身衣和长袍，但长袍有一个时尚的高领，袖子有系带。通过两件衣服不同的皱褶，我们可以看到他优美的身体和腿部轻轻掠过地面的轮廓，他的发型也是当时年轻人的发型。然而，圣母的头发却是传统的，而不是当时的时尚，我们注意到，列奥纳多大约在 30 年后（1503 年开始）创作了《蒙娜丽莎》，画像中有非常相似的头发和衣服。蒙娜丽莎穿着一件吊带衣服，一条厚厚的围巾披在一侧肩膀上，蓬松的黑发上蒙着一层朦胧的面纱，似乎列奥纳多希望为她的微笑披上一件古老的衣服，让画作弥漫着暧昧的处女气息。

与圣母的这种传奇服装形成鲜明对比的是皮耶罗·德拉·弗朗切斯卡（Piero della Francesca）在 1450 年左右画的《怀孕的圣母》（*Madonna del Parto*，图 13），她戴着当时最新的面纱，其整齐的带子与她的头发混合梳理，身着新潮礼服，很整齐、平整下垂，袖子上部有填充物和褶皱，下部紧束，正面看起来很时尚，侧面的系带被解除，显示她的怀孕的体型，从裙子的缝隙中可以看到她的衬衫。衣饰垂坠的传奇效果反而出现在画中天使的身上，她们穿着哥特式的 4 世纪的礼服，这种着装，据说是天使在选美比赛中常穿的礼服。

画中圣母的服饰看似简单，符合当时的优雅趋势，阿莱西奥·博多维纳蒂(Alesso Baldovinetti，大约 1465 年)的硬币式侧面肖像画，为我们提供了一个后来的例子(图 14)。在画中，人物的袖子上有精心绘制的图案，上面刻画着大棕榈树叶，构成她服装和画中最生动的图案。她的头饰也很复杂，头发、面纱和装饰混合造型，三束波浪形的头发分别落在右方、左方和中后方，没有凌乱感。这套服装没有自由垂下的布料，这也是这套服装的魅力所在；她的两只手臂上画有规律的褶皱，让我们的视线不太注意腰后的一点裙摆。

安德烈·曼特格纳(Andrea Mantegna)曾在帕多瓦和曼图亚工作，1488 年至 1490 年间访问了罗马，他对现存的古代雕塑进行了认真研究。他于 15 世纪 90 年代创作了一幅圣母画像，模仿古典雕像的手法，对画中三个人物的衣饰皱褶的刻画很优雅，图画两边站着两位圣徒，构图具有标志性的平衡(contrapposto)姿态(图 15)。他们所穿的衣服混合了古希腊古罗马服装和圣经人物在艺术中出现的适当的传奇服装，曼特格纳有效地将服装的表现方式进行了古典化处理。曼特格纳这幅为基督教祭坛创作的圣母像，明显模仿了一个古典的大理石人物雕像(图 16)，身上有相似的褶皱。

画中的圣母身着 4 世纪的长袍，非常贴身，虽然她的手腕上露出了另一件衣服的袖口，外衣和隐含的连衣裙，两件衣服都很贴身，犹如合二为一，似乎没有产生任何体积。她的斗篷具有拜占庭式的风格，覆盖着她的圆头(见图 3)，在她的膝盖上精心垂下褶皱，画家对其进行了自己独特的造型。施洗者圣约翰穿着圣经中的骆驼皮(马太福音 3:40)，尽管画家让他的衣服看起来像尤利西斯所比喻的洋葱皮衣服一样精致(《奥德赛》19:230-35)。在衣服上面，披着一件古典穿戴式的披肩，对其皱褶，曼特格纳进行了准确的描绘。

图 13（下）
皮耶罗·德拉·弗朗西斯卡（约 1415/1420—1492），《怀孕的圣母》，约 1450 年。壁画，206 厘米 × 203 厘米。圣塔玛利亚，蒙特其。

图 14（右）
阿莱西奥·博多维纳蒂（1426—1499），《黄衣女子的肖像》（*Portrait of a Lady in Yellow*），约 1465 年。木板油彩和油画，62.9 厘米 × 40.6 厘米。国家美术馆，伦敦。

图 15
安德烈·曼特格纳(1430/1431—1506),《圣母子与抹大拉和施洗者圣约翰》(*The Virgin and Child with the Magdalen and Saint John the Baptist*),约 1490—1500 年。油彩画布,139.1 厘米 × 116.8 厘米。国家美术馆,伦敦。

抹大拉的玛丽[1](是艺术中所有女圣徒中衣着最丰富的一位,她的衣着——包括一件古典的衣服,一顶 11 世纪的斗篷,

1 抹大拉的玛丽(Mary Magdalen):在《圣经·新约》中,被描写为耶稣的女追随者。耶稣传道时,与其一起的除了 12 个门徒以外,还有他所医治的几个妇女,抹大拉的玛丽就是其中一位(路加福音 8:1-2)。耶稣治好了她,赶走了她身上的恶魔。

图 16
罗马人，公元1世纪，《利维亚，屋大维-奥古斯都皇帝的妻子》(*Livia, Wife of Emperor Octavian Augustus*)。大理石，高 2.53 米。巴黎卢浮宫博物馆。

衣服上有现代的袖子——比起她的膏药罐，以及她的发型，松散的头发(路加福音 7:38)，更能确定她的身份。在画中这三个成人形象中，最值得注意的是精心设计，拥有多色调悬垂褶皱的衣服，对这些褶皱的描绘能突现身体关节的运动；这种协调体现在中间的裸体婴儿的姿势上，他的姿势是标准的希腊式大理石解剖学翻版，是施洗者古典姿势的完美模仿。

在这里，画家并不关注衣服的图案，而是专注于描绘褶皱的形状，因为它们与躯干和四肢相连。身着衣饰的人物每个都很突出，看起来就像雕像，每个人都有其独立的彩色褶皱方案。对于他们的斗篷，曼特格纳的画法很有特点，其褶皱显得诡异，似乎没有重量，紧紧贴住每个人物的膝盖和大腿，我们可以轻易触摸到它们的大小和位置。画家不介意告诉我们这些东

图 17
归于安德里亚·普雷维塔利（活跃于 1502 年，死于 1528 年），《圣母子与两位天使》，约 1510—1520 年。布面油画，从木头上转移，63.7 厘米 ×92.7 厘米。国家美术馆，伦敦。

西不是编织出来的，而是雕刻出来的，然后再上色，所画的斗篷都没有对比强烈的衬里。

安德里亚·普雷维塔利(Andrea Previtali)创作了《圣母子与两位天使》(*The Virgin and Child with Two Angels*)，显示了完全不同的效果。作为乔瓦尼·贝利尼(Giovanni Bellini)的追随者，他在威尼斯和贝加莫工作过，这幅画的年代是 16 世纪 10 年代(图 17)。就人物塑造而言，画家并没有特别突出古典思想，画中人物或跪在地上或坐在地上，华美的服装的褶皱铺洒在他们周围；他们身披斗篷，其边缘若隐若现，所显示的衬里同样华美。膝盖和大腿几乎完全被遮住，圣母的身体似乎被她厚厚的连衣裙裹着，而两位天使展示的是他们优雅的袖子和闪亮的头发，而不是他们的身体。后面的一位天使甚至把自己的身体藏在传统的斗篷里，他的衣着与圣母的传统服装相呼应。这个裸体婴儿也没有展示他的神形，而是专注于手中的红樱桃，甚至用他的另一只手挡住了我们关注他裸体的视线。

对于服装褶皱的描绘，普雷维塔利显然没有把详细的人体解剖学结构作为它的支点，反而突出纺织品的平滑和染色的丰富，颜色的使用体现了画中人物的权威性；我们可以看到，以威尼斯文艺复兴时期的色彩标准来看，这幅画的基本吸引力在于色彩的美丽。简单的风景中，有几个实体人物、几种光亮的颜色，通过专业调和搭配，画面变得生动起来，褶皱的排列展现了织物的美丽。

画家描绘的褶皱并不多，但非常协调，能将天使复杂的现代袖子与圣母的传奇面纱和上衣相互融合起来，在光芒四射的丝绸上添加白色亚麻布的点缀。他将大部分褶皱的描绘，都放在三件厚重的双面丝绸斗篷中。他在这些斗篷上加上了金色的丝质裙摆，用褶皱的斗篷将人物捆绑在一起，形成了红色和蓝色、绿色和金色、一抹黑色和一点白色，编织了一支温暖的织物交响曲。由此，我们能够推断支撑人物身体的解剖结构；他们可能是草编的假人。

普雷维塔利在圣人身上描绘的褶皱，主要是为了强调实际织物的颜色、重量和光泽。褶皱的描绘提醒人们，在整个文艺复兴时期的欧洲，编织的纺织品本身就是一种财富，就像处在地中海地区的古代一样，在那里，艺术中的自然主义褶皱描绘开始盛行。从东方运抵欧洲的精致丝织品和华丽的羊毛地毯，与不列颠群岛和欧洲本身编织的美丽的羊毛织物、丝绸和亚麻织物相匹配。加工不同纤维的非凡方法生产出缎子、金丝绒、天鹅绒，包括天鹅绒的切割和压皱、可变色的丝绸等，以及在丝绸中加入金属线，让它闪闪发光，出现了坚硬的亚麻锦缎和有漂浮感的亚麻纱布、厚实的羊毛毡、柔软的羊毛衬衣、像雾一样的丝质面纱和像蜘蛛网的毛质面纱等多种材料。

大量的资金可能会花在这种珍贵的衣服和装饰上，其开销不低于那些镶有宝石的釉面和黄金珍宝，也不会少于花在精致的绘画和雕像上的开支。难怪文艺复兴时期的画家和雕塑家都为天堂和帕纳塞斯山[2]的公民穿上了光彩夺目的服装。精美的东西本身似乎是神人共同追求的愿景，正如圣经中对珍珠、碧玉和绿宝石的描述一样。由于这些服装珍宝拥有昂贵的价值，所以要求画家以真实的表现形式描绘它们，尽管画家们的真实风格有所不同，但却努力表达出对它们的敬意。

到目前为止，我们一直在研究 14 世纪和 15 世纪意大利画家对希腊和罗马雕塑的褶皱雕刻的直接影响和间接影响。我们注意到在托斯卡纳、伦巴第和威尼托艺术家

2　帕纳塞斯山：位于希腊中部，古时被认为是太阳神和文艺女神们的灵地。

图 18（左）
德克·布茨工作室（约 1400—1475）。《圣母子与圣徒彼得和保罗》（*The Virgin and Child with Saints Peter and Paul*），约 15 世纪 60 年代。橡木油画，68.8 厘米 × 51.6 厘米。国家美术馆，伦敦。

的作品里，他们对人物身上的织物的绘画使用了不同的方式，尽管他们每个人都可能认为自己在遵循古典雕塑的遗产，相信身体和衣饰褶皱的互动的重要性。这种遗产是基于古典主义的理想，即以精妙的完美形式呈现视觉现实，让艺术为短暂流逝的自然表象创造一种恒定的美。

在 15 世纪的北欧，为了与雕塑相抗衡或超越雕塑，人们开始推崇哥特式而不是古典式的模式，出现了诸如扬·凡·艾克（Jan van Eyck）、罗吉尔·凡·德·韦登这样的画家，以及他们众多的后继者的作品里，出现了一种不同风格的衣着绘画的自然主义[3]。在他们的画作中，由光线产生的大气效果得到了大肆渲染，因为它可以揭示纺织品表面的颜色和质量，在他们看来，这种信念远比古希腊罗马关注的衣饰褶皱以及它们与身体之间形成的和谐形式和空间关系更为重要。

他们的画笔所呈现的织物看起来很真实，基于他们对现实的不同感知，形成了不同风格。在北欧绘画中，转瞬即逝的现实外观本身就很有价值，而艺术的理想化目标就是对它的强化。其目的是使一幅画看起来具有启示性，而不仅仅是指代性，仿佛画中的场景始终处于变化之中，在画家的眼里物品的位置并不是固定的。创造完美的表现可能仅仅在于展示变化的日光，其变化可以展现松鼠皮袖口光滑的表面毛发和潜在的绒毛特质。在德克·布茨（Dirk Bouts）工作室的一幅祭坛画（图 18）中，我们看到圣母的右袖上有一个这样的袖口，这是她唯一值得注意的装饰物。画家把它放在那里似乎是为了纪念她的手，因为它触摸到了圣彼得持有的圣书。另有一处不太显眼的细节，我们看到她的衣服下摆露出了一小块衬垫，因为它在前面翻了一点。

地处北方，天气湿冷，阳光稀少，在其理想化艺术中，没有直接的古典遗产可借鉴，在他们的画中突出衣服的细节，好像衣服比人的身体形状更加自然美丽，因为不穿衣服是如此不自然和不理想的状态。北方的画家们在精确描绘不同织品的

3　自然主义 (naturalism)：文学艺术创作中的一种倾向。作为创作方法，自然主义一方面排斥浪漫主义的想象、夸张、抒情等主观因素，另一方面轻视现实主义对现实生活的典型概括，而追求绝对的客观性，崇尚单纯地描摹自然，着重对现实生活的表面现象作记录式的写照，并企图以自然规律特别是生物学规律解释人和人类社会。

各种外观时，提倡一种相反的美，因为织物在光线的作用下，会呈现出不同的动作状态和位置差异。对于圣母和圣徒的服饰，最常被赞美的是丰富的羊毛难以控制的特性，它的褶皱从未被规范、整理或定型过，仿佛是不断变化的海洋。

布茨在15世纪60年代创作的登基的圣母和她的婴儿以及两个随行的圣徒的版本，显示了这种毛织品的褶皱在不善言辞的身体上层层叠叠，断断续续，以其优越的纺织品质感解剖和动态特征取代了身体的形状。与曼特格纳的画作相比，这种毛织品对这三位圣徒的形象的塑造来说，看起来比任何人体解剖学都更有分量。这些丰满的衣服衬托了婴儿轮廓分明的裸体，仿佛醒目地提醒我们，基督在后来殉道和死亡的时刻也是裸体的；我们看到圣保罗（Saint Paul）递给他一支象征受难的康乃馨。玛丽穿着传统的服装，头发松散，她的斗篷遮住了她的头；她的整套衣服似乎比曼特格纳的圣母身上的面料多出许多米，远远超过了一个坚实的身体所能占据的空间。彼得和圣保罗的肩膀和衣领都是量身定做的，衣领高于他们的长袍，斗篷向下垂落，皱褶清晰，一直下垂到他们跪在最高台阶上的膝盖处。与普雷维塔利用丝绸创造的奢华相比，毛织物上的光线将这些分别垂下的织物面料捆绑成一个令人沉思的整体对象。

在意大利和佛兰德绘画中，坐着的圣母，其身后往往会平铺一个仪式性的挂饰，以模仿统治者坐着觐见时挂在身后的荣誉布；而在圣母的画像中，它往往以直角向前延伸，在她头上形成一片天幕。布茨在哥特式教堂内的台子上设置了圣母宝座，地板上镶嵌着大理石，两扇彩色玻璃窗平行着通往花园的拱门。苍白的荣誉布和后面的天幕被她身后一幅巨大的矩形黑色和金色锦缎所遮掩，这是对这位没有佩戴王冠或其他珠宝，也没有在她的普通毛衣上装饰任何金边和镶边的天后的华丽致敬。

曼特格纳鲜艳的番茄红版本被放置在天空下的果树林中，为圣母和圣婴做

图 19
巴托洛梅奥·蒙塔格纳（约 1450—1523），《圣母与圣子》（*The Virgin and Child*），约 1504—1506 年。布面油画，从木头上转移，59 厘米 × 51 厘米。国家美术馆，伦敦。

了一个花园亭子，其平整的红色衣饰褶皱与圣徒和圣母的冷色调衣着形成鲜明的对比（见图 15）。巴托洛梅奥·蒙塔格纳（Bartolomeo Montagna）约 1505 年也创作了一幅圣母图（图 19），他对这一主题的表现更为戏剧化，圣母爱慕地凝视着自己的儿子，仿佛对挂在她身后和头上僵硬的深色布料无动于衷，而布料储存时留下的褶皱痕迹还清晰可见。熟睡的婴儿衣服裹身，皱褶生动，他优雅的双腿轮廓清晰，一幅微小的、展开的荣誉布则用绳子挂在他靠着的粉刷的石头门栏上。

画中深色的荣誉布以直角悬挂，融入

画面背景中出现的横竖线条中，表现了画家对环境描绘的精确透视，并赋予荣誉布抽象的特征，外面空旷的蓝天使其更加突出。在它的衬托下，无光泽的白色、红色和蓝灰色的织物皱褶干脆利落地包裹着两个人物的圆润外形，形成一个相互辉映、闪耀夺目的展示。画中人物所穿的尊贵衣服和我们看过的其他更丰富的衣服一样，显示了画家们在这个时期对织物的特性的描绘，是多么殚精竭虑，不仅是为了描绘服装，更是为了彰显其本身，似乎是为了忠实地表现它在生活中得到的荣誉。

15 世纪，佛兰德画家喜爱描绘多层服装的多形式褶皱，这种喜爱成就了罗吉尔·凡·德·韦登约 1435 年绘制的祭坛画，对此，画中表现得淋漓尽致，画中抹大拉坐在地板上阅读（图 20），旁边是她的药膏瓶。她脸上表情丰富，有细腻的脖

图 20（左）
罗吉尔·凡·德·韦登（约 1399—1464），《抹大拉阅读》（*The Magdalen Reading*），祭坛画的片段，约 1435 年。桃花心木油画，从另一块板子上转移过来的，61.6 厘米 × 54.6 厘米。国家美术馆，伦敦。

图 21（右）
罗吉尔·凡·德·韦登，《女士肖像》（*Portrait of a Lady*），约 1435 年。橡木油画，47 厘米 × 32 厘米。柏林国家博物馆。

子和精细的手；她的其他部分的描绘完全由密切观察的褶皱构成，使她有一种充满活力的感觉。对于这幅抹大拉，罗吉尔遵循了展示圣人时尚着装的惯例，因此我们可以看到一种与现实生活中不同的服装褶皱方式——她系着紧身黑色高腰带，上衣显得非常僵硬，而两条裙子及宽袖的描绘却很自如。

我们还注意到，对于头饰，她放弃了时尚，而选择了传奇效果。女性肖像画显示，这一时期的女性头发是紧密排列的，而且往往是隐藏的，头纱（尽管呈带状）是对称包裹的，或者是打褶的，或者成折叠状，总是牢固地固定在头上。只有在艺术中，才能看见这种随意垂下的面纱和松散的头发，这种发饰适用于传奇服装的描绘，是圣母和圣徒或古代、神话和《圣经》中的公民的专属形象。大多数画家会像曼特格纳那样让抹大拉的头发不被遮盖，罗吉尔则为她加上了适合她现在的沉思行为和谦逊姿势的严肃的悬垂面纱（仅有一点褶皱）。她松散的头发自然地从面纱下披垂肩上。

不妨把她的面纱与罗吉尔肖像画中的女士头饰相比较（图 21），画中的女士所戴的头饰，是现实生活中的真实物件，也穿着与抹大拉类似的衣服。不过抹大拉的裙摆露出多层不同的面料——绿色羊毛外裙在前面被提起，露出灰色的毛皮衬里和金色的锦缎底裙，就像她走路时一样

图22（右）
德克·布茨（约1400?—1475），《奥托皇帝的正义：火的考验》(*The Justice of Emperor Otto: Ordeal by Fire*)，约1471—1473年。橡木油画，344厘米 × 201.5厘米。比利时皇家美术博物馆，布鲁塞尔。

拎着裙摆前缘——但在腰带以下，出现的褶皱密致规则。我们可以设想，罗吉尔画中的女士腰部以下也是类似的穿着，也许是一件不那么奢华的裙装，将长长的毛皮衬里的外裙抬起来，拎到前面，出现许多细密的褶皱，并露出下面的裙装。相比之下，曼特格纳的抹大拉所画的服装是一套紧贴的图画组合，包括古典的、现代的和传统的组成部分，所有这些都被组织成一种诗意的安排，与博多维纳蒂的坐者女士等在世的女士通常所穿的任何衣服都很不相同。

到了15世纪，随意打结或垂下的织物已经成为欧洲正常服饰的一个元素。欧洲的时尚，在经历了简单的外衣、长袍和许多版本的斗篷之后，在13世纪晚期逐渐成型，现在对垂褶的要求更加严格，以适应剪裁和合身的时尚进步。随意的褶皱仅出现在剧情中——男人的斗篷上密集的褶皱自由地垂到身体一边的肩膀上，女人对称褶皱的裙子突然变成自由褶皱的裙摆。无论男女，衣袖都变得紧贴手臂，上身和腰部紧束，每一个细小皱纹都被填充物巧妙抚平，或通过巧妙的剪裁加以避免。理想的躯干看起来像一个软垫——有时会撑开褶皱，比如罗吉尔的坐者身上的褶皱，它们与她随意压扁的袖子形成了鲜明的对比。男士的紧身短上衣，也通过在下摆、衣身和袖子里面设置带子和衬布，进行完美的规则化处理，以保持轮廓平整。对女式裙子的上部褶皱的处理也采用同样的方法，以期创造出我们在皮耶罗的怀孕的圣母的裙上看到的完美垂坠（见图13）。

皮耶罗是15世纪众多画家中的一员，他将时尚的服饰相当直接地描绘为传奇服装，而没有用比时尚所允许的更多的自由褶皱来创造出一种梦幻般的或古董般的外观。德克·布茨的两幅插图中的第二幅是《奥托的正义》(*Justice of Otto*)，是一个13世纪关于10世纪末神圣罗马帝国皇帝奥托三世（Holy Roman Emperor Otto

III）的传说，画中场景是一个火刑审判（图22）。一位贵族妇女要求为她遭诬陷，并被斩首的丈夫伸张正义，她拿着一根烧红的铁棒以证明他的清白，而这根铁棒并没有烧到她。每个人都穿着1473年最优雅的勃艮第宫廷服装，这幅画就是在那时完成的。

画中的女士穿着紧身衣，在那个年代，她的袖子显得很紧，她的面纱从一个华丽的高帽上垂下，但她仍然在前面拎起超长的毛皮裙，搂着她丈夫被砍断的头颅。最引人注目的是画中的两位长腿先生，他们穿着非常短、非常华丽的上衣，肩膀上有垫子，紧身的腰部被缩小的褶皱凸显出来，里面穿了一件更短、更紧身的短上衣，裤腿长而紧，脚上穿着奢侈的尖头鞋。这群时尚的人与几年前布茨的祭坛画中的人物形成了强烈的对比，在那里，圣人的身体只能用几英里长的传奇毛织物来表达，而金色的锦缎只局限在硬邦邦的荣誉布上。

在同一时期，汉斯·梅姆林（Hans Memling）创作了一幅青年（图23）画像，青年身穿天鹅绒上衣，黑色的衣料上没有任何褶皱，衣服上两串精致的黑绳引人注目，它们连接着里面的红色坎肩。这些标志突显了衬衫的白色，在紧身连体衣和袖子之间的双侧臂孔上也出现了微妙的束缚痕迹。他的服装使他的上半身形成了一个生动的图案，没有使用皱褶，这种效果我们在博多维纳蒂的画作中也看到过；但他的手、脸、头发、柱子和书都具有精致的物质表面细节。这个年轻人正在祈祷，他没戴帽子，是谦逊的标志。然而，饱满蓬松的发型在当时是男性的一项骄傲的特

图 23（左）
汉斯·梅姆林（活跃于 1465 年，死于 1494 年），《祈祷的年轻人》（*A Young Man at Prayer*），约1475年。橡木油画，39 厘米 × 25.4 厘米。国家美术馆，伦敦。

权。在当时的公共场合，男人的头发通常被整齐的帽子所遮盖，比如布茨画中的绅士们都戴有帽子。正如我们所看到的，意大利艺术中天使才能够露出他们的头发。

在我们讨论的三个例子中，以及其他 15 世纪的肖像画中，都没有显示松散的织物自由垂坠在主体后面，装饰性地悬挂着，以填充画中人物身后的平面。织物有时也会出现在背景中，但都是作为荣誉布挂在人物后面，拉平后可见收藏时留下的些许褶皱。显然，这一时期的意大利和佛兰德人的肖像画家都缺乏使用不知名的织物来为坐者的形象提供额外表现的冲动。

在这一时期的每一种欧洲绘画中，很明显，所有画家都十分关注面料的真实特征，甚至在传奇服装中，也是如此，很少将纺织品作为表现虚荣或纯粹的修辞方式而使用。织物的褶皱以可信的方式出现在悬挂的支撑物上；很明显，即使站立的人转身走开，或者移动的人停止活动并坐下来，人身上就会显示衣服垂下的褶皱，褶皱必定依附于人的活动。每条漂浮的围巾或腰带都有一个开始和一个结束。每只袖子都连着一件引人注目的衣身，而且与它的同伴的大小和形状相匹配。无论什么样式的披风都不会不合逻辑地垂下，或者有超过其行为所需的东西；如果坐着的穿着者站起来，没有裙子会有不均匀的下摆。当代社会和古代历史所尊崇的悬垂织物的完整性，显然被视为艺术家对艺术完整性的表达。

第二章

解放的褶皱

CHAPTER

II

Liberated Draperies

我们看到，15 世纪的画家与古代雕塑家一样，对布料本身的特性表现出极大的尊重，无论是作为服装的褶皱和裁剪，还是作为装饰的悬垂和拉伸。我们看到，这种尊重延伸到了对传奇服装的传承，包括基督教圣徒的传统服装，以及对现代剪裁服装的艺术使用；而且，图画中的真实和传奇服装结合在一起，都具有可信的构造，由同样理智的材料制成。然而，在下一个世纪里，画家们找到了其他方法，在古代和近代的早期艺术作品中建立起面料褶皱的威望。16 世纪的画家开始强调布料褶皱的纯艺术方式，把它变成一个范围更广的绘画成分，使画面中的面料享受到一种新的自由，摆脱了特定技术质量和用途的人造物质的实际规则的束缚。

画家们的尝试似乎在暗示，在艺术作品中，织物的褶皱可能会重新扮演人类自然的、基本的陪伴者的角色——在时尚出现之前，织物褶皱在古代艺术中原本就享有这种声誉，被渲染成每个人经验中的一个恒定元素。在 16 世纪的艺术中，经过之前一个世纪现实主义的进步之后，织物褶皱的表现再次为自己赢得了一个被人普遍接受的地位，在古典作品里褶皱就被大量使用，特别是以基督教为主体的艺术，对此更为重视。不可否认，褶皱是古典艺术的一种基本要素，是它的终极来源。

图 24
小汉斯·霍尔拜因（约 1497—1543），《亨利八世》，约 1537 年。木板油画，113 厘米 × 90 厘米。利物浦沃克艺术馆。

绘画本身似乎也是建立在褶皱画法的基础上的，就像时尚建立在人的身体上一样；由于时尚已经更明显、更多样地取代了活生生的身体，所以对织物褶皱的表现发展成一个独立的绘画元素，无论是为艺术中想象的身体提供衣服，还是服装本身，褶皱始终是一个充满幻象的对象。就像室外风景可能显示天空中的风暴云层，岩石中会涌出泉水一样，室内场景也可能有成片的织物褶皱在柱子之间悬垂或在檐口下闪耀。画家们开始觉得他们可以根据需要将褶皱带入画面，以满足表达的渴求，但他们从未忘记画法规则，即它必须看起来像褶皱，以便与过去受人尊敬的艺术建立起必要的联系。

16 世纪的时尚，实际上正在远离中世纪的褶皱感。从 1520 年左右开始，即开始于所谓的曼纳主义时代，优雅服装的趋势是越来越宽泛，越来越综合，更多的填充物被使用，面料裁剪更复杂。优雅不再仅仅表现为垂坠的规则褶皱，也不再仅仅是袖子、长袍、斗篷和裙子的拉伸。面料使用明显减少，但以更随意的方式被束起和膨大，看似突兀生硬，特别是通过增加垫肩和复杂的大袖子来放大上部身体。面料强调整体平滑合身，有序下降，15 世纪所推崇的苗条和高挑，让位给了肉感和质感，以便突显身体的活跃和动态。

对于女性来说，时尚方面最重要的发展是在上衣中加入了衣撑，这不是为了收缩腰部和肋骨，而是根据整体效果，使衣服变得直挺和厚实。男性服装最显著的发展是精心设计的马裤，穿上它更能突显男人骨盆周边和大腿部位，搭配加硬和加垫的兜裆布和短礼服，这种为大众所接受。后来上衣穿着也不系腰带，以突显男性身体更大的饱满度。再后来，男性的紧身短上衣也使用了衣撑。

小汉斯·霍尔拜因（Hans Holbein the Younger）工作室创作了《亨利八世》（*Henry VIII*）的站立画像（图 24），它展现了 16 世纪上半叶理想男性的形象，头部与巨大的肩膀相比显得较小，衣服上系着绳结，点缀着饰物，胸衣很突出，短马裤遮住了他的长腿。提香在 1536 年对女性形象理想的美，也做了精彩的勾画（图 25），其上衣显示了新的笨拙、厚实和高度装饰，带有厚且蓬松的填充袖子，臀部有厚厚的裙褶。所有这些都把衣服本身变成了一个灿烂的生命体，它填满了大部分空间，使美女的头、脖子和洁白的胸脯显得相对较小，更显突出。我们可以看到，这个时期的男装和女装的款式表明，衣服遮盖着理想的身体，一个巨大的、丰满的身体。

有趣的是，在艺术中出现了对褶皱审美的新兴趣，人们对面料的自然流动和冗长的坠落，感到欣喜若狂，但在时尚中，

图 25（左）
提香（约 1485/1490—1576），《美丽女人》（*La Bella*），1536 年。布面油画，89 厘米 × 75.5 厘米。佛罗伦萨皮蒂宫的帕拉蒂纳画廊，佛罗伦萨。

图 26（右）
米开朗基罗（1475—1564），《基督下葬》，约 1500—1501 年。木板油画，161.7 厘米 × 149.9 厘米。国家美术馆，伦敦。

褶皱却不太为人关注；艺术家们后来也开始不太喜欢用精确、时尚的细节作为传奇场景中服装的组成部分。16 世纪，与之前的所有世纪相比，许多画家开始把看起来很逼真但并不十分具体或十分搭配的面料融入传奇服装的设计中，或者把它加到场景中——更加突出情感上的影响和心理上的效果。至于是否保持把织物褶皱作为画面的基本元素，这是检验画家的原创性和技巧性的试金石，无论是作为古典典故或参考传统基督教艺术。在这个世纪中，我们可以看到，一幅画拥有的品位和力量，在很大程度上取决于这些绘画中褶皱的表现。

15 世纪初，《基督下葬》(*Entombment of Christ*, 图 26) 是米开朗基罗 (Michelangelo) 一个未完成的作品，从中可以看出，绘画中悬垂的服装可以摆脱真实服装的限制，成为一种可自由改变的绘画元素。右边站立的女人支撑着基督的身体，她穿了两件衣服，一件是粉色长袖，一件是深灰色无袖。粉色那件画得非常奇怪，右边的袖子比左边的袖子更饱满，也大得多，而且裙子似乎只有半截。同时，套裙的裙摆不知道通过什么方式垂坠在左边，而它在腰部

图 27
雅各布·达·蓬托尔莫（1494—1557），《基督的供词》，1526—1528 年。布面油画，313 厘米 × 192 厘米。圣菲利西塔，佛罗伦萨。

以上的垂直褶皱似乎太多，以至于衣服不能像画中描绘的那样悬挂在肩膀上，即使有带子横在上面，也显得太过饱满，不能和裙子一起构成视觉上的同一件衣服。画家随心所欲地在这件衣服上增加、减少和处理褶皱，并且让她的右腿隐藏在画中，其目的就是减少画作的真实感，增加人物的非现实和不稳定的外观。

基督另一侧的站立者是个男人，他身穿灰色内衬的紧身红色长衣，其前领口被猛烈撕开，在一侧向后脱落。米开朗基罗对他的描绘，完全无视衣服的完整性，刻意裸露这个男人的肩膀，展示其解剖学上的美，通过裸露的前臂展现人体的美丽。没有一个 15 世纪的画家、古董艺术家会这样描绘一件衣服；在此之前，米开朗基罗并没有在生活、传奇或艺术画作中这样描绘过任何一件衣服——他首次这样做，而且仅此一次。同时，在这只手臂上，画家刻画了卷起的袖子，对于这只承载基督身体的手臂来说，看起来非常合理。

在画面的底部，男子衣服的后摆似乎存在着两个独立的部分，针对不同的腿部，设计了两个独立的垂褶方案，一条腿弯曲和裸露，以配合上身裸露的前臂，另一条腿笔直，罩在衣服里，以配合对面有袖的手臂。因此，这件衣服的下摆左右两边有两种不同长度，这种差异在 15 世纪的绘画服饰中也是不允许的，在生活中也闻所未闻，但就绘画服饰来说，这个男性形象是完美的。

两件衣服上的每一个独立的褶皱都有真实的含义，因此衣服给人的视觉印象是由真布制成的；但褶皱的真实性只是加强了不规则服装的干扰效果，它巧妙地作用于观众的眼睛，使这个场景不像是现实生活中可能发生的事情。栩栩如生的褶皱与虚构衣服的融合，增加了画面的超现实和挽歌式的气氛，而他们两个穿着奇怪的垂褶的衣服，对称地向左升起，使这些对立的人物在分担基督裸体的重量时融洽一致。米开朗基罗在这幅画中非常个人化和情感化地使用了画布，这是艺术家开始赋予画布新的自由的早期例子。

雅各布·达·蓬托尔莫(Jacopo da Pontormo)，比米开朗基罗晚出生一代，是曼纳主义时期推动佛罗伦萨绘画进步的一个关键人物。他的代表作之一是佛罗伦萨圣塔菲利西塔的卡波尼教堂中的《基督的供词》(*The Deposition of Christ*, 图 27)，画于 1526 年至 1528 年，其中 11 个交错的人物和他们的衣饰皱褶似乎形成了一片漂浮的云彩——画面中确实有一片云彩在漂浮，它的出现似乎触发了这种联想。除了死去的基督，这 11 个人身上穿的衣服，都超越了常人的理解，即使基督拖在地上的腰布，也被涂成了淡淡的黑褐色，消匿在其他人衣服皱褶所呈现的重复的彩虹阴影中。其他服装的荒谬随处可见——来自似是而非的面纱，来自所有的

斗篷，来自腰带，或许来自不真实的长袍——每个人的衣着都惊人的一致。就其长度，没有一个衣饰褶皱能被清楚地理解为是在编织织物或在已知形状的衣服上真实出现的东西，而且大多数褶皱实际上也不可能出现在它所描绘的地方——大多数人物也是这样。但是，同样一致的是，构成画中的各个褶皱，真实清晰，就像所有人物完美的解剖结构一样，布料的质地非常一致，具有同样的佛罗伦萨风格元素。就像多年前乔托和马萨乔的作品一样，所有的皱褶来自同样的布料，只是颜色不同而已。

画家力求在这幅作品中呈现一种超自然的美，在飘动的织物褶皱下，至少有六个人物的身上穿着若隐若现的衣服，最引人注目的是前景中间那个蹲着的年轻人，他身上穿着粉红色衣服，肩膀上扛着基督的下半身；另一个引人注意的人物，是顶部那个弯着腰的年轻人，他的衣服是绿色的。由此可见，画作中衣着的色彩相互呼应，结构具有解剖学意义——甚至圣母也全身覆盖在蓝色的皱褶下，手臂和胸脯包裹在蓝色之中。画作前部有一位女子，她是画中另一个超凡脱俗的人物，她向后面看着，身体包裹在斗篷里，戏剧性的效果

图 28（左）
提香，《基督下葬》，约 1525 年。
布面油画，148 厘米 × 212 厘米。
卢浮宫博物馆，巴黎。

是，斗篷前、后两部分呈现出不同的颜色，两种颜色沿着她的腿部和两侧相互转化——生活中不可能出现这样的衣服，用一种颜色衬着另一种颜色，也不可能在一件衣服上用两种可变化的颜色。画家把所有这些神奇的衣服都画了出来，以纪念这个令人目眩的神圣事件，这样的场景，只有在地球毫不费力地与天空融为一体，重力不再起作用的时候，才会发生。

几乎在同一历史时刻，大约 1525 年，提香为他的《基督下葬》(*The Entombment of Christ*，图 28) 绘制了另一种效果的褶皱，这也是这位威尼斯大师表现奇迹的另一个例子。这部六人戏剧的构图和服装非常精美；但这些传奇披挂服装，在 13 世纪的艺术中可以找到相同风格化的版本，在这里却以一种扣人心弦的实时真实性呈现出来，结构、纹理和姿态都一目了然。前景中的白色亚麻布褶皱，首先映入眼帘，非常聚焦，非常突出，光线落在基督的腿上，虽然生命静止，但却优雅。床单托着他的身体，拉紧伸展，在那个抱着基督腿部男人的手下清晰地展开；我们看到它们和亚麻布在他的深色衣服上闪闪发光。这个没有生命的、被亚麻布托着的身体的下半部分占据了画面的重要位置，令人震惊。

基督的上半身阴影笼罩，两个人抱着他的身体，他们穿着古典凉鞋，就像在曼特纳的作品中的人物一样；每个人都穿着不同的庄重的丝绸长袍，袖子卷塞起来，方式不同，但优雅可见，他们承担着这个前所未有的任务——左边的男士，袖子被卷起；右边的男士，把垂下的袖子系在背后；其他人则留下长而紧的袖子。画中这些人物向着对方，以舞蹈般的优雅姿态弯下腰身，画面中袖子卷起的状态被描绘得很清楚，也很突出——左边是白色亚麻布的小褶皱，右边是打结的红棕双色锦缎行囊。

处在这个紧凑的男性群体中间位置，穿着普通红色，留着长发的福音使者约翰，当他用红润的手抬起基督一只苍白的手腕时，他正在发出张口结舌的哀叹；而在最左边，站着披头散发的抹大拉，能看见她一只穿着红袖子的手，拥抱着圣母，圣母身体弯曲，戴着蓝色斗篷，抹大拉回头皱眉看向尸体。这三位随行的圣徒身上的穿戴，也有一些传统服饰的标志——在真实的空间里，每个人大概都占有一到两个平方米，圣母的及地的蓝色褶皱的范围最大，就像许多15世纪的作品所描绘的一样。抹大拉的肩膀上增加了一条现代威尼斯人的围巾；这是一条传说中的围巾——也就是《圣经》中解开的头巾——披落在画中右边那个男人的身上。

图29（右）
高登齐奥·法拉利(1475/1480—1546),《基督从坟墓中升起》，约1540年。白杨木油画，152.4厘米×84.5厘米。国家美术馆，伦敦。

画面中这些变幻莫测的丝绸和亚麻布的褶皱一目了然，加之提香在描绘这些旧日衣服时的高超技巧，使得这幅画的悲剧性跃然而出。他以往非常注重对衣服的古典简约的构图和微妙的光线应用，然而在这幅画中，则未见其踪影。皱褶看起来就像脸上的悲伤和身体的动作一样，不受影响，还添加了自己强烈动人的完美自发性。

不是每个人都是伟大的天才。我们可以将米开朗基罗、蓬托尔莫和提香的杰作与米兰艺术家高登齐奥·法拉利（Gaudenzio Ferrari）1540年左右的作品进行对比，我们看到，在《基督从坟墓中升起》(*Christ Rising from the Tomb*)的版本中，他使用了刻意表现的褶皱（图29）。这位基督穿着一条整齐的短裤，其中的部分缝隙清晰可见，这个细节与这位艺术家在本世纪头十年所画的可敬的、但无趣的垂饰服装相当一致。然而，在基督的整个形象周围，旋转着一大团不具体的布料斗篷，没有明确的边缘和接缝，没有宽度或长度，没有内部或外部，没有可见的支撑方式，形状僵硬。这个物体的沉重的不真实感让人瞠目，就像画家三十年前绘制的传统长袍和斗篷一样。他似乎在尝试一些对他来说新的东西。

一阵柔和的风吹动了基督手中的旗帜，但同样的风却无法吹动这个巨大的皱褶帷幕。它看起来被艺术惯例的力量固定住了，保持着椭圆形状，看起来像曼陀罗，酷似大理石雕刻的褶皱，具有古代皱褶的风格，以配合基督的古典裸体，象征着他已经褪下的墓葬衣服。此外，我们可

以看到，在他爬出坟墓后，基督实际上没有穿这件东西，没有把它裹在身上，但也没有让它从身上掉下来。它固定在他的身体周围，成为一个标志性的姿势。画上这样的帷幕似乎是为了防止他的进一步上升，也可能是为了阻碍他的移动。正如米开朗基罗的《基督下葬》和蓬托尔莫的《基督的供词》一样，每个褶皱看起来都很真实；但这位画家，也许比米开朗基罗早出生，肯定比蓬托尔莫早死，缺乏大胆或天赋，没有打破传统的潜力，没有绘画的想象力，不能为真正的皱褶创造一个虚幻的安排，使之挣脱、升华并保持优雅。这种努力的尝试表明他一直受制于早期继承性权威的束缚。

在16世纪的后半段，随着时尚变得更加成熟，优雅服饰的装饰品也随之改变了特性。我们可以看到为什么曼纳主义这个词——它意味着对时尚细节的过度关注，而牺牲了基本形式——被应用于16世纪中期的欧洲时装和绘画。一件服装的主要美感不是来自褶皱的多少或样式，而是来自一件优雅服装外观的整体形象，显现的部分不仅仅是边框的刺绣、边缘的扇形或材料的编织，还有精心制作的工艺水平。裁缝擅长在袖子、帽子、紧身短衣和胸衣等衣物上添加创造性的粉饰和裁剪，缝制花边，成为打造富贵服饰的重要公共元素，贵金属和宝石被直接缝在衣服上，加厚手臂和躯干突显时尚，以及越来越硬的裙子和马裤，为表面处理提供了更大的空间。这几十年的优雅肖像画中，不难看出对这种时尚细节所进行的精细展示，画中精心记录了每一粒珍珠和每一片雕花花边（图 30；见图 25）。

虽然褶皱在时尚界逐渐失去了它的魅力，但在绘画中，彩绘褶皱的声誉却比以往任何时候都高，画家们把它用于描绘神圣和世俗的传说。由于很多知名的和一大批不知名的画家都在画作中展示它的元素特性，自由垂挂的织物也开始出现在肖像画中，即使主体没有穿戴任何织物。从16世纪20年代开始，在整个16世纪余下的时间里的肖像画中，我们会时常发现漂浮、坠落或成圈的织物，没有明显的来源或用途，出现在女士们和先生们的身体周围或后面，他们的身体垫得很结实，显得僵直，但其装饰却很华丽（图 31；见图 30）。

图 30（右）
法国学校，约 1550 年，《凯瑟琳 · 德 · 美第奇》（*Catherine de'Medici*）。布面油画，146 厘米 × 105 厘米。美第奇博物馆，美第奇 - 里卡迪宫，佛罗伦萨。

图 31（下）
尼古拉斯 · 希利亚德（*Nicholas Hilliard*，约 1547—1619），《克里斯托弗 · 哈顿爵士》（*Sir Christopher Hatton*），约 1588—1591 年。牛皮纸水彩画，5.6 厘米 × 4.3 厘米。维多利亚和阿尔伯特博物馆，伦敦。

褶皱出现在绘画中不乏先例，我们在 15 世纪的画作中就能看到平铺在圣女身后的荣誉布，常常出现在肖像人物的身后。它的存在有一个合理的借口，因为布帘可以用来隔离房间里通往卧室、阳台或其他房间的通道。但在大多数 16 世纪的肖像画中，随之出现的褶皱看起来是非理性的、感性的、性感的或者带有暗示性的，有时甚至是可笑的，根本不实用。当时人们坚信，画面中织物的褶皱有其自身的美德和力量。如果在画面中，皱褶与耶稣或维纳斯一起出现，可以增加画作的力量和重要性；推而广之，如果它与一个肖像主体一起出现，主体力量就会增强。

奥格斯堡的约尔格 · 布罗伊（Jörg Breu）在他 1533 年的一幅绅士画像（图 32）中，描绘了一位坐者，他戴着粉棕色

图 32（左）
约尔格·布罗伊（约1475/1476—1537），《男子肖像》（*Portrait of a Man*），1533 年。面板油画，67.8 厘米 × 49.2 厘米。塞缪尔·考陶尔德信托公司，考陶尔德画廊，伦敦。

图 33（右）
洛伦佐·洛托（约 1480—1556），《劳拉·达·波拉》，1543 年。布面油画，91 厘米 × 76 厘米。布雷拉美术馆，米兰。

手套，裁剪整齐的羽饰红帽，白色衣服上饰有镶边（即由相邻的条状物制成），袖子加边饰，褶皱的衬衫领子和带肩章的无袖马甲——所有这些都表明，在他的服装中不应该有任何大而粗糙的褶皱物。悬挂的窗帘从他的肩后垂下，没有明显的杆子，显然没有任何实际用途，只是为了显示其自身的绿色之美，这与窗外的绿色景观和坐者的许多条状物、缝隙、带子、褶皱和标签形成了衬托。

随后的一个世纪，绘画中的褶皱更为泛滥，使用杂乱，缺乏明确的来源，不能准确表达环境所体现的功能，而人物主体的衣服表现出更多零散性、装饰性，仅仅作为一种装饰和配件。洛伦佐·洛托（Lorenzo Lotto）在 1543 年创作了肖像画《劳拉·达·波拉》（*Laura da Pola*，图 33），图中沉重的织物褶皱侵占了坐者的椅背，画中人物似乎淹没在褶皱之中，因为她的头部、胸部和肩膀上满是沉重的金绣。一条巨大的金链子紧束着她的黑色长袖剪绒裙的腰部，一只手拿着一把系有一条大金链子的羽毛金扇，与之相比，她的另一只手上的小书就显得无足轻重。

然而，光线聚焦在坐者的白色连衣裙的领子褶皱上，她戴了一串温柔的珍珠项

链，露出了她的喉咙。我们看到一个温柔的生物被锁在黑色和金色的牢狱里，很快就会淹没在红色和绿色丝绸铸就的不可控制的洪流中。厚重的黑金礼服加上白色的点缀束缚着这个女人，她的配饰也是一种枷锁，红色和绿色的织物的出现，建构了一种主宰、一种影响、一种氛围。

阿尼奥洛·布伦齐诺（Agnolo Bronzino）的《罗多维科肖像》（*Lodovico Capponi*，图 34）显示，坐者穿着类似盔甲的黑丝上衣，上面有垂直的黑色天鹅绒条纹，穿着拼接的白色古典短裤，里面的兜裆布分割、填充，袖子是白色的，上面打了很多小孔，有垂直的白色线条图案，穗带起皱。他后肩上的几道黑色斗篷的褶皱被压低了，这样做是为了强调他身后的亮绿色帷幔的作用，并表明绿色褶皱显然不是他服装的一部分。这些褶皱不知从何而来，布满了男人身后的整个空间，在快乐的纺织品游戏中堆积和荡漾，而年轻模特的形象严肃、优雅和威严。

对于画中的人物来讲，这些织物构成的背景仿佛具有某种暗示性，所暗示的对象是他的脸和衣服无法传达的，一种他宁愿做什么也不愿摆姿势的感觉。这是一个绘画性褶皱的例子，用于渲染自身的表现力，它们看起来与生活中用于衣服或窗帘的任何面料都不一样，相反，它具有蓬托尔莫在《基督的供词》中的非世俗的色块外观，每个褶皱都很完美，但缺乏整体功能。我们可以看到，绘画中的织物已经开始指代自己，在图像中显示其绘画性质，在艺术中显示其元素特性。

在 16 世纪下半叶，画家们为了提升自己的表现价值，发明了在画中描绘褶皱姿态的方法，画中的褶皱不传达任何使用概念，也不扭曲布料的呈现方式。这些姿态，特别是与裸体人物有关的姿态，可以暗示古代绘画中的褶皱，但不是对任何特定模式的模仿。达米亚诺·马扎（Damiano Mazza）是提香的学生和模仿者，活跃于 1570 年至 1590 年间。与高登齐奥的《基督从坟墓中升起》一样，他的《加尼米德

图 34（左）
阿尼奥洛·布伦齐诺（1503—1572),《罗多维科肖像》，约1550—1555 年。杨木油彩，116.5 厘米 × 85.7 厘米。弗里克收藏，纽约。

图 35（右）
达米亚诺·马扎（活跃在约 1570—1590），《加尼美德的强奸》，约1570—1590 年。布面油画，177.2 厘米 × 188.6 厘米。国家美术馆，伦敦。

的强奸》(*Rape of Ganymede*)(图 35)描绘了一个裸体的男孩形象，身上披着一件未能穿上的，类似衣物的东西，与画中主题的表现非常贴切。对朱庇特(Jupite)强奸加尼美德这个主题的表达，画面中往往会出现一只鹰——也就是朱庇特在他的诱惑者的伪装下——带着一个裸体男孩在空中飞行；但马扎对这一场景的描绘非常暴力。画家突出了丰满男孩扭曲的背部和踢打的双腿，其背景是一只四面环绕着他的黑色老鹰，有巨大的羽毛翅膀，它用爪子攫住男孩一条柔嫩的大腿，拍打着巨大的翅膀向上飞升，并伸长脖子，鸟喙朝上。但在黑暗的羽毛和白色的肉体之间，缠绕着一条珊瑚色的丝带，就像加热的血液在流淌，隐喻为欲望的鞭子。它缠绕在手臂上，并向侧面飞出，丝带仿佛给他增添了一对扇动的翅膀，当男孩苍白的手抓住鹰的黑翼时，另一只手甚至被老鹰的黑爪攥住。这条丝带并不是一件衣服，而是一个古老的典故，就像高登齐奥为耶稣设计的大理石衣服一样，在这里提供了一缕古老的爱神气息，在这个强奸的噩梦中，出现了一个丝绸般的爱抚——它有边缘、角落和清晰的尺寸，还有可信的纹理，充满激情。它是真实的，就像它所要表达的，这是一个多情的空中拥抱。

雅克波·丁托列托(Jacopo Tintoretto)在描绘想象服装方面，可称得上一位大师，他天才般地将现实的虚构和虚幻的幻想融合在一起。像蓬托尔莫和其他佛罗伦萨画家一样，在他的一些幻想人物身上刻画了看起来像彩绘的连体衣，也善于描绘令人目眩的皱褶。在他的《圣乔治与龙》(*Saint George and the Dragon*, 图 36)的前景中，公主跪在地上，面容惊恐，装扮如盛会的人物角色，身穿饰胸针的蓝色紧身腰带礼服，衣服没有使用当时流行的衣撑和垫袖。头上有童话般的王冠和发饰，但却戴着时尚的珍珠耳环；和当时许多北意大利女士一样，她也搭配了一条透明的小围巾来柔化衣领，就像提香的美女一样(见图 25)，尽管她的衣着宽松，是异国样式。它看起来像一件真正的服装，因为它的设计和制作比丁托列托在圣洛克大教堂中绘画的一些寓言人物所穿的类似服装要清晰得多，如他们的衣服袖子和下摆都很模糊。在这幅画里，衣服有整齐的袖子

图 36（右）
雅克波 · 丁托列托（1518—1594)，《圣乔治与龙》，约 1560 年。布面油画，158.3 厘米 × 100.5 厘米。国家美术馆，伦敦。

和清晰的下摆，甚至有翻转的领口以及她的围巾；我们可以看到她是一个真实的人物，而不是一个寓言。

在这个可信的人物身上，艺术家用一块巨大的、没有形状的，但有多种变化的、令人难以置信的胭脂水粉的布条围绕着她，增加了画作强烈的神话色彩。掀起布条飞扬的风并不是来自大海，背景中圣乔治正在攻击巨龙，近海微风卷起了他的披风，飘动在身后。公主身上的布条，大部分展现在她的身后，向着大海飞扬，正面的目光和姿态，看似心烦意乱，仿佛要用画中跃动的希望和恐怖来填补她空虚的目光。

布条系在公主的腰部，仅靠绳结，不足以支撑其向后和向下的摆动。我们可以

图 37（左）

埃尔·格列柯（约 1541—1614），《基督将商人赶出圣殿》，约 1600 年。布面油画，106.3 厘米 × 129.7 厘米。国家美术馆，伦敦。

看到，由于布条的束缚，她只能在绝望中永远跪着，如果她站了起来，绳结就会松开，布条就会掉下来。还有一节布料从她的身后牢牢地缠在她的臂膀上，以便把身后逆向飘动的悬垂织物固定在腰间，这些活泼、浪漫的要素让这件非服装的描绘充满活力。丁托列托以令人着迷的技巧向我们传达了画中所描绘的惊恐氛围，就好像他把这位公主笼罩在一个冗长的、扣人心弦的音乐旋律中，目睹着她的困境和心境。这场织物之美的盛宴吸引了我们热切的目光，让我们对她的惊恐感同身受，犹如聆听一段令人震撼的音乐。

埃尔·格列柯[1]将他独特的表达方式应用于描绘他画面中的所有织物，不仅给了布料以新的绘画行动空间，而且给了布料以外的其他现象一种新的描绘方式——这是我们看过的其他 16 世纪画家的作品所没有的东西。这个版本的《基督将商人赶出圣殿》（*Christ driving the Traders from the Temple*，图 37），时间大约是 1600 年，显示了埃尔·格列柯放弃了对服装结构、编织物质感的描绘，同时，他对服装的形状以及它们与人的躯干和肢体的有效连接方式，都未进行必要的说明。画中，基督正在挥鞭抽打一位商人，商人身上覆盖着一块黄色帷幔，看起来很神奇，仿佛被绘画的魔力托起，它的一个边缘不经意地挂在他的肋骨上，另一侧在他的大腿上卷起。这个帷幔看起来很厚，似乎又没有重量，也没有来头；它可能是一圈被压碎的硬纸，而右前方弟子下半身的黄色披风似乎是由凹陷的橡胶制成的，与画面上描绘的水蓝色波纹衣衫形成鲜明的对照。

虽然丁托列托用类似他所发明的褶皱织物覆盖了许多人物，但他使绘画的褶皱以一种与埃尔·格列柯不同的方式阐述了绘画中的身体，丁托列托信奉画笔的自由，除了画布和颜料，他对织物的质感的表达并不在乎。在埃尔·格列柯的场景中，基督的长袍和斗篷的颜色来自丁托列托，但斗篷的形状来自云朵和溪流，描绘

1　埃尔·格列柯：矫饰主义（样式主义）运动者。西班牙文艺复兴时期绘画家、雕塑家与建筑家。

图 38（左）
奥诺雷·杜米埃（1808—1879），《被萨提尔追赶的仙女》，1850 年（后加）。布面油画，131.8 厘米 × 97.8 厘米。蒙特利尔美术博物馆。

长袍表面的灵感来自金属板或悬崖的断壁。不过，这件长袍有一个清晰而平滑的下摆——这也是整个画面中唯一一件描绘了下摆的衣服——这样一来，基督的脚就可以在它下面得到应有的突出。

这些衣服只能算作传奇服装，但在画面场景的外围有的人物穿着真正的衣服。在最左边的恶人中，有一个拿着水壶的男人，他穿着绿色的长衣，衣服有象牙色的袖子，高领上方有一圈白色的皱领，右边还有一个没有胡子的年轻弟子，他也穿着一件开领的白衬衫，袖窿接缝清晰可见。另外两个人的衣服也值得关注，一个是远处右后方的女人，一个是近处左前方的男人，二人构成了画面的空间构图，但他们的衣服都是模糊的、动荡的，画家明显地提醒我们，这一切完全是由笔触构成的，不取决于对布料的空间观察。但它们肯定是衣服，至于画面中的中心人物，覆盖在他们身上的东西，形状奇怪，但纹理清晰，画面左侧的人物手臂抬起，右侧的人物却大多手指紧张。每个人的衣饰皱褶都呈现出奇怪的状态，僵硬、波纹状、橡胶状、金属状、紧束或相互碰撞，画中人物形象相互混合，也相互分开，表现出狂热、惊恐和冷漠，为这幅画带来了进行不同解读的可能性。它们创造了一种与蓬托尔莫的《基督的供词》相反的效果，在那里所有的褶皱和面孔都表示一种相同的焦虑，除了画中的逝者。

16 世纪的伟大画家对织物的描绘技巧如此娴熟，使得后来的绘画中也出现了类似的织物飞扬。在 19 世纪中叶的其他艺术家中，奥诺雷·杜米埃（Honoré Daumier）在现代服饰的描绘方面赢得了声誉，他着力将现实主义，以及一些夸张的描绘，引入服饰的描绘，偶尔他也会在绘画中渲染阿卡迪亚的幻想[2]。我们可以从他画于 1850 年的《被萨提尔追赶的仙女》（*Nymphs pursued by Satyrs*，图 38）中看到，他吸收了提香和丁托列托的画法。这些逃跑的女人被松散地包裹在明亮的飘带中，没有特定的形状或面料，但被精心

2　阿卡迪亚的幻想（Arcadian fantasy）：田园牧歌式的幻想。

安排，让她们的脚、腿、肩膀和乳房都裸露出来。就像提香的古典题材诗作中，画家精心描绘各种彩色织物，女人的白色的飘带，暗示裙子下面穿着的是一件坎肩，在杜米埃的笔下，女孩上身的白色褶皱，暗示现代的衬衫和紧身衣，而下面的褶皱则涂以强烈的色彩，暗示现代的裙子和衬衣。

这些褶皱画法的发明，创造了对身体的选择性暴露和普遍的兴趣，对观众来说是一种感官上的刺激。它们暗示，在丁托列托的画里，如果女孩们停止奔跑，所有这些布料就会立即掉下来。杜米埃似乎暗示我们，女孩的身体应该被想象成裸露的，褶皱只是代表了这一事实的刺激物，当然也代表了一个全面的事实，那就是

图 39（上左）
凡·戴克（1599—1641），《菲利普·沃顿勋爵》（*Philip, Lord Wharton*），1632 年。布面油画，133.4 厘米 × 106.4 厘米。华盛顿国家艺术馆，安德鲁·W. 梅隆收藏。

图 40（上右）
凡·戴克，《贝德福德伯爵夫人安妮 - 卡尔》（*Lady Anne Carr, Countess of Bedford*），约 1638 年。布面油画，136.2 厘米 × 109.9 厘米。私人收藏。

在阿卡迪亚的环境中，萨提尔[3]追求仙女，在这个古代社会里，仙女们总是穿着古典风格的有悬垂褶皱的服装，提香对此进行了大量的描绘。

画布上的褶皱，一旦摆脱了任何约束，不再追求功能性，也不讲究其可能性，它一定更为看重自身的美学价值，在任何后来的肖像画流派中，它体现得非常完美，创造出一系列优美的效果。自16世纪以来，褶皱就成为肖像画的一个重要元素，出现了许许多多的褶皱图案，从凡·戴克的高贵形象开始，层层叠叠的褶皱不仅装饰在室内，而且还装饰在岩石、树木和建筑物的外面（图39）。在17世纪，时尚本身又开始呈现流动的织物，因此，优雅的肖像画中伴随的褶皱席卷而来，形成一股深色的洪流，成为画中的阴影部分，光线更多集中在画中模特的裙子、袖子和斗篷上（图40）。人们一直相信，褶皱是绘画存在必不可少的要素——尽管绘画中的褶皱与画中人物衣服上的褶皱有不同的视觉差异，但它们有一些相似之处。肖像画中的褶皱是为了画面的需要而存在，而不是为了记录现实生活中坐着的人身后的一些习惯。你可以说它是为了艺术而存在，以表明褶皱本身已经代表了艺术。

当织物的褶皱出现在神圣和传奇的画面中，成为常见的服装时，个别艺术家将这种绘画的垂饰作为个人表达的容器，往往有选择地脱离现实——褶皱是在为画面穿衣，而不仅仅是为人装饰。画家们也开始给画中人物穿上真实的衣服放在具有表现力的绘画褶皱中，这样，绘画的褶皱成为肖像画的衣服，而不是人物所穿的衣服。它被认为是遵循画家的规则，不管它们是什么，而不是服从现实生活中的织物的规则，不管它们变成什么；因此绘画中的褶皱会永存于世。在肖像画中，布料褶皱可以唤起绘画艺术的整个过去——圣母和皇室的荣誉布，维纳斯和她的仰慕者的诱人衣着，圣徒和使徒的长袍，古代英雄的披风。

3　萨提尔（Satyrs）：古希腊神话中半人半羊的森林之神。

第三章

感性、圣洁、激情

CHAPTER

III

Sensuality, Sanctity, Zeal

在上一章中，我们看到了一些例子，说明16世纪的肖像画家如何使用浮动的、戏剧性的垂褶来衬托静态的正式服装。同时，另一个强有力的传统也悄然出现，特别是在文艺复兴时期威尼斯的画像中，即半身画像或半色情的准肖像画，也许是一幅冠有古典或圣经标题的画像，也许是一幅无名画作，画中摆姿势的模特往往披着迷人的帷幔，帷幔上的褶皱与裸露的身体形成鲜明的对照。画中的女孩可能是罗马的弗洛拉女神[1]或基督教的抹大拉的玛丽；男孩可能是俄耳甫斯或施洗者约翰。男性模特可能会将帷幔或皮草披挂在裸露的胸部；女性模特常披着半装饰、半松散的头发，穿着绘制的服装，胸衣上绘有清晰的褶皱，半遮半掩，露出丰满的乳房。

大约在1516—1518年，提香完成了《弗洛拉女神》（*Flora*，图41），呈现了一个无与伦比的女性形象。他把这个半裸状的女子，抹上金黄色的底色、头发松散，塑造了一个完美的古典美人，她含情脉脉，衣褶刻画细腻。白色褶皱衣服露出弗洛拉的一只肩膀，半个乳房隐约可见，衣服上有串状的织物曲线，其剪裁体现了古老的制作方式，这件衣服同时也以严格

1　弗洛拉女神（Flora）：也称“花神”，是古罗马神话中青春的象征。

图 41
提香，《弗洛拉女神》，约 1516—1518 年。布面油画，79.7 厘米 × 63.5 厘米。乌菲兹美术馆，佛罗伦萨。

的准确性、真实性，被当作现代的内衣典范。这是真实的服装，画中的描绘非常谨慎，没有丝毫偏差。

画中衣服的袖子与衬衫的主体接缝清晰可见；你可以看到一条狭窄的流苏带，上面聚集了很多褶皱，如果你沿着领口看去，可以看到它的尽头，在宽大的前胸开口处有两个扩展的角落，一个在被遮盖的乳房上方，一个在乳房与手臂相交的深色阴影的下方；从开口底部开始的前缝清晰可见。这些细节描绘得很微妙，引起人们很多的联想。提香将褶皱优雅地遮住手臂、胸部和身体侧面，以显示出身材的轻微扭曲，粉色锦缎压碎的新月状，增加了衣服的感官效果，褶皱绕着臀部弯曲，沿着肩部弯曲下垂，在裸露的乳房下褶皱最为集中。模特的乳头若隐若现，皱褶在她宽阔的胸前显露出两个乳房的微妙形态，其中一个被完全罩住，几乎看不出来。她的左手的手指管理着两种褶皱，似乎在无意识地按住锦缎披肩和敞开的衬衫，防止它们进一步滑落，观众所见的这种裸露也是无意识的：此刻，弗洛拉所注意的对象，只是画外那位看不见的赠花人，她的右手拿着他送的花草。

丁托列托在1570年左右画了一张色情半身像（图42），画中我们可以感觉到曼纳主义思想在一定程度上影响了性感的表达，模特故意暴露出两个乳房。薄绸褶皱聚集在她的两个裸体肩膀上，其中一个乳房上还被褶皱部分地罩着，让人感觉到薄薄的织物在敏感的皮肤上轻轻抚摸，她身上的披巾为这幅画增添了仿古帷幕褶皱的氛围。她的姿态带有强烈的仪式感；她庄重地从我们的视线中移开，头发梳理整齐，衣服上对称的褶皱给她的形象带来了一丝古朴的尊严。但是，她胸前的双珍珠项链和露出的时尚衣服的褶皱，显示出她心中的一丝丝不安，最重要的是，在裸露的乳房之间，她紧紧攥住纱质面料，以突出乳房的丰满和分离，对此，提香的模特

图 42（左）
雅克波・丁托列托，《揭开乳房的女人》(*Woman uncovering her Breasts*)，约 1570 年。布面油画，61 厘米 ×55 厘米。普拉多国家博物馆，马德里。

图 43（右）
仿提香的画作，《镜前的维纳斯》(*The Toilet of Venus*)，约 1555 年。布面油画，94.3 厘米 × 73.8 厘米。塞缪尔・考陶尔德基金会（Samuel Courtauld Trust)，考陶尔德美术馆，伦敦。

并没有特别突出。丁托列托还对她的双手进行了仔细的刻画，它们同时触摸着皮肤和丝绸，让我们感受到了多重感官的刺激。

丘比特为维纳斯拿着镜子，维纳斯从镜子里看着我们，这是一幅没有署名的改版画，以提香的维纳斯为蓝本，这幅画中的维纳斯所穿的织物，完全是画中的褶皱，根本不像一件真实的衣服（图 43)。然而，与其他两幅作品一样，这位画家专注于展示模特的手如何将衣服上的褶皱与她的身体融合，在这里我们可以清楚地看到一种轻柔的爱抚，而不仅仅是掩饰。滑过乳房的那只手隔着薄薄的褶皱抚摸着乳房，而另一只手则撩起脖子上的流苏面纱。画家在华丽而不朽的维纳斯的衣饰褶皱上创造了一种神圣的不真实感，这些褶皱不恰当地缩进了她的肚脐——一种在曼纳主义绘画和希腊雕塑中经常出现的艺术手法——除此之外，它们没有明确的形状或目标，因为它们会在她身体的某些部位上轻轻地来回掠过。

在不断发展的巴洛克时期，绘画中的褶皱被赋予了新的作用，以加强人物的感性品质。鉴于画布与古典裸体画的既定关联，很明显，在一件普通的现代服装上添加非特定的、古典风格的衣饰褶皱，可以很快提高其感官感受，从而使其出现一种难以预料的效果。现代剪裁的外套或衬衫的一部分可能像宽松的希腊束腰外衣那样容易暴露。漂亮的手臂、肩膀、后背和胸部都可以通过圆滑的褶皱显露出来，而这些褶皱常常遭到现代服装的诟病，认为它们的使用仅仅是为了表示对模特身体的淫欲。

这种时尚绘画可以对观众的感官产生强烈的吸引力，到了17世纪，画家们常常使用织物来唤起人们对身体的爱抚感，织物的作用不仅仅限于作为人物的衬托，披搭在身上或悬挂在身后。画中农民男孩裸露着白皙的肩膀，胸前围绕着一圈优雅的柔软悬垂褶皱面料，实际上这是一件破旧的衬衫和一件特大号的外套。他对着一件观众无法看见的东西露出微笑，当我们盯着画面时，能感觉到这些褶皱面料在他的皮肤上滑动（图44），神奇的画面，令人激动。这幅裸肩图绘于1680年左右，将它与1555年左右的仿提香的画作《镜前的维纳斯》的裸肩图相比较，我们可以看到，这个裸露的巴洛克式肩膀冲破褶皱，夸张地耸立出来，因此，褶皱凝固了我们的视线，而维纳斯，像她之前的弗洛拉一样，身上的褶皱将她的裸肩与身体其他裸露部分的美相互融合。

在绘画中表现驼背的色情肩膀，米开朗基罗·梅里西·达·卡拉瓦乔（Michelangelo Merisi da Caravaggio）无疑是最为出色的，也许是受到米开朗基罗·布奥纳罗蒂的启发（见图26）。他早在1600年之前就开始拓展这个主题。文

图44（左）
巴托洛梅·埃斯特万·穆里略（Bartolomé Esteban Murillo，1617—1682），《倚在窗台上的农家男孩》（*A Peasant Boy leaning on a Sill*），约1670—1680年。布面油画，52厘米×38.5厘米。国家美术馆，伦敦。

图45（右）
米开朗基罗·梅里西·达·卡拉瓦乔（1571—1610），《被蜥蜴咬的男孩》（*Boy Bitten by a Lizard*），约1595—1600年。布面油画，66厘米×49.5厘米。国家美术馆，伦敦。

艺复兴时期的艺术家们也曾热衷于描绘裸露的肩膀，但并没有对它进行大肆渲染，而是将其与裸露的胸部和背部相协调。卡拉瓦乔似乎是第一位展示裸露肩膀的画家，他把裸露的肩膀推到灯光下，像一只苹果，渴望被咬住。当时欧洲男性服饰都流行掩盖和包裹上半身，他的《巴克斯》(*Baccus*)和其他16世纪90年代的半身像画(图45)却公开地展示了这个年轻男孩的裸肩。卡拉瓦乔将他充满活力的创新手法——笨拙的现实主义运用到威尼斯的人物色情半身像的绘画传统中，这些传统人物的肩部一直保持着平静的古朴面貌。在提香早期宁静的例子的基础上，卡拉瓦乔将普通的白衬衫转化为虚构的褶皱，目的是彰显一个真实肩膀的诱惑力，肩膀和头颅一起伸出虚幻的褶皱包裹，褶皱轻轻地擦过男孩的脸颊。

卡拉瓦乔曾多次描绘一些女模特，让她们穿上当时的时髦衣服，有时也让她们身着优雅的衣服，对圣女、女英雄或圣徒的描绘也是如此，对其衣着、人物自得其乐。但他的男模特，大多数是代表天使和圣经中的人物，这位画家却探索使用更多的垂褶面料来表现其暴露；而他只有一次用这些方式来描绘女性主题。1606年，在他去世前几年，他画了一幅半身像，表现哭泣中的抹大拉，从不同的版本的比较中可以看出(图46)，她穿着连衣裙，下半身被重重包裹，双手紧握，仰面向后，陷入沉睡，上半身荡漾着白色褶皱的潮水。而在这些褶皱中，一个裸露的肩膀蜷缩起来，露出她光秃秃的脖子和耳朵。

这幅画，画面凄美，显示了卡拉瓦乔如何使用真实的衣服制造褶皱效果，添加画作的悲剧色彩。在前面提到的那幅画中，他是想让我们感受那种让可爱的男孩退缩并露出肩膀的刺痛感——蜥蜴的咬伤固定了情色的重点。但在几年后出现的抹大拉画像中，同样的褶皱布浪似乎在宇宙的痛苦中拥抱着这个女人，只有她自己抽缩的肩膀展示了一种身体的解脱。

然而我们知道，长期以来，抹大拉一直是一个女性性爱的形象，在他早期的抹大拉版本中，卡拉瓦乔会给她穿上时尚的衣服，强化了她的这种形象，这是当时描绘人物的有效方法。然而，到了17世纪，在反宗教改革[2]时期，艺术中更多表现抹大拉的忏悔，由此获得了新的戏剧性力量，她经常被描绘为在旷野中哭泣和祈祷，穿着胸部暴露的衣服，或者露出妖艳的裸体，戴着各种能展示头发的头饰——提香在16世纪30年代开始了这样的绘画传统——以谴责落后教会逼迫她进行忏

2　反宗教改革（Counter-Reformation）：罗马天主教改革又称反宗教改革运动，是指在16—17世纪，天主教会为对抗宗教改革运动和新教而进行的改革运动。其主要目的是应付宗教改革后出现的新局面，巩固罗马教会在欧洲的地位，故又有“对立的宗教改革”之称。

图 46

米开朗基罗・梅里西・达・卡拉瓦乔,《哭泣的抹大拉》(*The Magdalen Weeping*),1606 年。布面油画,106.5 厘米 × 91 厘米。私人收藏。

图 47（左）
米开朗基罗·梅里西·达·卡拉瓦乔，《圣母之死》，1604 年。布面油画，369 厘米 × 245 厘米。卢浮宫博物馆，巴黎。

悔，认为这是一种愚蠢的行为。我们可以看到，卡拉瓦乔在最后一次画抹大拉时，仍然没有暴露女性的乳房，而是再次让单肩披挂的褶皱轻轻掠过乳房，暗示着感官的愉悦。

卡拉瓦乔将真实服装、传说服装和神话中的褶皱结合起来，创造了新的表现方式，出现在 1604 年的《圣母之死》(*Death of the Virgin*)中(图 47)。站在画面左侧，正在哀悼的门徒穿着圣经中的男性服装，这是基督教艺术千年来的惯例，在中世纪的圣像中，我们都能看到长袖长袍和包裹的斗篷(见图 3)，在这幅画里，圣徒们甚至还披上了乔托和马萨乔的衣服。在他身后，其他门徒只露出几道暗淡的褶皱，画家暗示他们也是类似的穿着。所有的人都在阴影中，只有一个垂下的肩膀上有轻微的光线。光线来自左边一扇看不见的高窗，最强的光线落在最前面的三个人物身上，中间哭泣的弟子穿着现代的外套，死去的圣母穿着现代的红裙子，没有面纱——她的衣袍像毯子一样被随意扔在她僵硬的腿上。前面是哀悼的抹大拉，穿着现代的合身上衣，露出白色上衣的袖子，梳着现代的辫子和束起头发，裙子上有简单的现代褶皱，遮住了她的脚。

画面的左边、后边，卡拉瓦乔画了一些朦胧人物，填满了画面的空间，这些人物穿着传统服装。光线逐渐增加，使它直接照在穿着现代服装的人身上，特别是圣母的尸体上，尸体的姿态很随意，尽管如此，画家还赋予了所有织物同样的抽象、普遍的质地——不粗、不细、不具体——以及所有褶皱呈现同样的清晰。其结果是，我们在视觉上被说服，每个人的衣服都是同样的风格，差异是难以察觉的。穿着旧时代长袍的使徒和穿着普通衣服的主事人在这种灯光下融合在一起，他们都为圣母的哀悼做了完美的打扮，而死去的圣母，她的脸和手，在她衣服独特红色的渲染中得以呈现，似乎聚集了最明亮的光束。

画中后面的使徒可由脸上的胡子和秃

图 48
安尼巴莱・卡拉奇（1560—1609），《圣母升天》，约1601年。布面油画，245厘米×155厘米。圣玛丽亚・德尔・波波洛，罗马。

头进行识别，通常没有胡子、头发苍白的是圣约翰，画中还描绘了几只哀伤的手。门徒们可见的脚也是裸露的，提醒我们基督对他们的洗礼，在他们身边地板上还有一只水盆（见约翰福音13:5）。所有这些元素的描绘都很朦胧，仿佛不是刻意的组合，而是这些人刚刚闻讯赶来聚集在一起。但在这些人物的上方，占据画作上半部分的是一个巨大的深红色垂褶帷幔，这是一种抽象的通用纹理，没有接缝或折痕，像空气中的血流一样从右边看不见的地方涌向画框。它俯冲到天花板左侧的一个看不见的固定装置上，从那里向下垂落，有几码的高度，最后落在后面门徒的头上，捕捉到一些从窗口照进的强光。它的横向褶皱，比构成衣服的任何褶皱都要大，而且形状奇怪，盘旋于空中，重量感消失殆尽。

画中刻画了这个伟大的、史无前例的修辞描绘，它呼应了死者的衣着和姿态，突出了群体的整体性，烘托了事件的神圣性，并要求我们对其进行精神关注。在这个可怜的房间里，帷幔没有任何实际功能：高悬空中，质料饱满，充盈着丰富的红色，不可能作为死去的圣母窄小的灵床的环状幔帘。它的作用是用幻想的织物取代天使群或父神的幻影，否则它们可能居住在这张灵床的上方。通过这块特殊的织物布料，卡拉瓦乔展示了绘画褶皱自身的力量，能为图像注入圣洁，或任何其他精神或情感暗示。这幅画非常引人注目，因为衣服的褶皱是如此简单，人物的姿态也是如此低调。

圣母之死是一个重要的神圣时刻，画家利用光线将一群身着现世和传奇服饰的古代圣徒融合在一起，在这个非现实的红色天幕的祝福下，这幅画成为令人惊叹的宗教杰作。然而，这幅画并没有得到那些出资人的认可，对于这样的主题，他们期望在画中看到更多相对一致的礼仪和威严。他们很可能更喜欢像安尼巴莱·卡拉奇（Annibale Carracci）的《圣母升天》（*Assumption of the Virgin*，图 48）这样的作品，这幅祭坛画比卡拉瓦乔的画早一两年。安尼巴莱的作品中的光线、构图和垂褶面料代表了对神圣和传奇绘画的反对意见，并对后世的巴洛克绘画产生了别样的影响。

在《圣母升天》里，我们看到了对称的分组，有节制的光线，以及实体人物的一系列引人注目的有意识的（刻意的）艺术历史姿态，再加上多色的、不具体的，但很和谐的传奇服装，每套服装上都有自己的一套有品位的、飘动的、绝美的披风。这位画家的绘画手法似乎是为了说明艺术如何能够传达神圣性，通过艺术的力量可以唤醒观众对超越事件的力量更强烈的关注，而事件是由画家巧妙地建构的，而不是一个真实事件。对于画作来源的事件，卡拉瓦乔的描绘非常低调，他更为关注的是对此时此刻感觉的勾勒。而正是这种感觉让他那富有宗教异象的红色帷幔变得如此不可思议。

在卡拉瓦乔去世后的 20 年内，大量不同种类的绘画褶皱充斥着欧洲的宗教绘画，在人物周围悬垂褶皱，它们的摆动、包裹和垂下，突显顿悟和殉道的重要性。17 世纪的绘画褶皱更加宽大的效果反映了一种普遍的时尚，即在实际的服装中采用宽大的袖子、完整的披风和色彩非常丰富的服装，男性和女性高腰下褶皱得以展开（见图 39 和图 40）。在展示神圣的主题方面，画家们使用了各种方案，其中一些是卡拉瓦乔和卡拉奇开创的组合，在丰富画布表现力的同时，也丰富了圣徒的造型。

伟大的安特卫普画家彼得·保罗·鲁本斯（Peter Paul Rubens）在 17 世纪的前

八年里一直在意大利向安尼巴莱·卡拉奇等人学习，在他的人物画里，身体的表现非常柔软和丰满，以至于他们身上的褶皱能自如地融入画中，而不被掩盖，仿佛画家暗示褶皱也是活的。鲁本斯1626年的《圣母升天》(*Assumption of the Virgin*, 图49) 显示了他出色的绘画技巧，他能将一个穿着厚厚衣服的沉重身体，在构图中创造出轻盈的失重感。柔软的、栩栩如生的长袍和斗篷萦绕着丰满的人物，圣母飞升天空得益于飘洒的褶皱，而不是依靠众多小天使的托起。

画面前景中央是一位身着玫瑰色裙子的女圣徒，她的裙子很丰满，与她高大的身体曲线非常匹配，右边的男圣徒戴着斗篷，迸发出金色的褶皱，显出英雄伟岸。鲁本斯发明了一种新的褶皱画法，这种方法稳定、自如，能生动地展现人物不同的姿态。但在安尼巴莱·卡拉奇的画中，我们看到的是另一种风格，在不同的人物身上褶皱重复出现，非常刻板，人物身体的动作和他们沉重的服装之间缺乏一种自然和谐的互动。

法国巴洛克古典主义画家尼古拉·普桑(Nicolas Poussin) 在其漫长的职业生涯中，形成了自己非常个人化的衣饰绘画风格，他拥有天才的绘画技巧，常以《旧约》、基督教和神话故事为题材，创作了大量画作。他在1629年创作的《圣凯瑟琳的神秘婚礼》(*Mystic Marriage of Saint Catherine*, 图50) 中包含了许多身着传奇服装的人物，每个人衣着上都有许多褶皱，但我们没有看到安尼巴莱所强调的那种艺术性。在安尼巴莱眼中，艺术的再现，不需要对布料特性的真实表现。这幅画也缺乏卡拉瓦乔所渲染的紧迫惊悚感和鲁本斯的灵动感。在这一事件中，普桑在背景里画了一排天使和基督的孩子，他们穿着古典老式衣服，衣服下垂，填充成缄默的、有色的形状，褶皱条纹不清，没有体现出褶皱绘画的古代风格。衣服的形状看起来很自然，是古典主义风格的完美体现，没有额外的膨胀和提升，光线亮点突出，分散了人们对织物的关注。与安尼巴莱的作品一样，这位圣母也穿着一身传统服装，不过它是全袖的，因为此时的时尚已经不允许她继续穿着安尼巴莱祭坛画中所描绘的那种紧身服装了。此外，普桑1629年画的袖子是有接缝的，而安尼巴莱1601年画作中的紧身袖子则没有。(鲁本斯的画作也未对袖子接缝进行细致的刻画。)

图49（右）
彼得·保罗·鲁本斯（1577—1640），《圣母升天》，1626年。布面油画，490厘米×325厘米。安特卫普圣母大教堂。

圣凯瑟琳是国王的女儿——我们注意到她戴有一枚小头饰——画家赋予她闪闪发光的白色、粉色和金色的传奇套装，体现了一种尊严，与圣母的蓝色古典斗篷相辉映，但跪下时在硕大的裙子上留下很多皱褶，进一步强化了画中人物的尊严。我们可以看到她的带状金丝外套的一只袖子上有肩部和臂孔的接缝。普桑用丝绸刻画出她圆润的乳房，因为传说中这位圣徒是以她的青春美貌而闻名的。为了推进这一想法，普桑巧妙地赋予了圣徒的画像服装那个时代流行的高腰、全袖和大裙摆造型。

与普桑的大多数作品一样，这幅画中的褶皱具有明确的权威性。画家显然对布料本身和古代雕塑的垂褶面料都有深刻的理解，他在画中从不牺牲任何一种真实性。对于他的神话场景中的裸体人物，他对服装和古代代表人物的理解同样透彻。在这些作品中，垂褶面料和裸体之间的关系具有同样独特的清晰性和可思性。

在西班牙的同一时期，弗朗西斯科·德·苏尔巴兰(Francisco de Zurbarán)以一种非常不同的心情，为男性圣徒穿上了厚重的僧袍和圣衣，塑造出一个贵族化版本(图 51)。他经常让毛织品以朴素的棕色、温暖的白色或深灰色的织物，僵硬地披挂在人物周围，给衣服涂上颜色，符合

图 50（左）

尼古拉·普桑（1594—1665），《圣凯瑟琳的神秘婚礼》，1629 年。木板油画，126 厘米 × 168 厘米。苏格兰国家美术馆，约翰·希思科特·艾默里爵士（Sir John Heathcoat Amory）的遗赠，1973 年。

图 51（上）

弗朗西斯科·德·苏尔巴兰（1598—1664），《圣塞拉皮翁》（*Saint Serapion*），1628 年。布面油画，121.2 厘米 ×104.3 厘米。哈特福德沃兹沃思艺术博物馆，埃拉·盖洛普·萨姆纳和玛丽·卡特林·萨姆纳收藏基金。

图 52（左）
胡塞佩·德·里贝拉（1591—1652），《圣艾格尼丝》，1641 年。布面油画，203 厘米 ×152 厘米。德累斯顿国家艺术收藏馆的古代大师美术馆。

图 53（右）
约翰·利斯（约 1595—1631），《霍洛芬尼帐篷里的朱迪思》（*Judith in the Tent of Holofernes*），17 世纪 20 年代中期。布面油画，128.5 厘米 × 99 厘米。国家美术馆，伦敦。

他所追求的阴郁氛围，消匿圣人身体的形状和重量，只留下他静止的手和脸，使画面充满了深深的敬畏感，不受任何色彩或运动的影响。胡塞佩·德·里贝拉（Jusepe de Ribera）是与苏尔巴兰同时代的西班牙人，在卡拉瓦乔的影响下在那不勒斯开始了他的艺术生涯。他在 1641 年创作了《圣艾格尼丝》（*Saint Agnes*，图 52），绘画的手法与苏尔巴兰非常接近，无色的帷幔显得很宁静。这位圣人因其对基督的奉献而被赤身裸体地囚禁在妓院里。她的头发奇迹般地长了出来，遮住了她的身体，守护天使抛下一块庄严的、神圣的布料，将她包裹起来，拒绝一切肉体的接近。

对于其他严峻的主题，褶皱的使用可以呈现出另一个极端。在朱迪思（Judith）谋杀霍洛芬尼（Holofernes）的画作中，巴洛克画家用明亮、激动的织物为戏剧注入某种程度的歇斯底里，在不使用不雅的暴露的情况下，唤起了故事的性元素（图 53）。在约翰·利斯（Johann Liss）17 世纪 20 年代描绘的场景中，裸露的肉体只限于女凶手和受害者的肩部肌肉，此时，谋杀已经完成。霍洛芬尼的肩膀上出现了

图 54（左）
乔瓦尼·巴蒂斯塔·达·萨索菲拉托（1609—1685），《圣母子拥抱》，约1660—1685 年。布面油画，97.2 厘米 ×74 厘米。国家美术馆，伦敦。

一个血淋淋的脖子，朱迪思转动肩膀，收起头颅，剑锋入鞘，她回眸看了我们一眼，手臂快速移动，袖子随之膨胀。

朱迪思的肩膀被她女性化装束的低曲线领口衬托得光彩照人：我们眼前是一位活生生的女人，我们可以把她突兀的肩膀理解为伪装的乳房。她的头部和躯干被包裹在一个由灿烂的金色、蓝色的锦缎和粉色镶边的服装组成的旋涡中——头巾作为头饰，不难看出她是圣经中的人物。画家似乎创造了这些丝质的包裹来烘托这一事件，让人觉得这些闪亮的色调似乎分散了对受害者的关注，而这些褶皱则驱动着她的身心，实施残酷的攻击。她的右边堆积着斗篷的褶皱，与她的服装一起旋转着，形成了一种有节奏的共鸣。

我们还可以看到，如果 17 世纪后期的艺术家习惯于看到他们的前辈对褶皱的过度使用，他们可能会无意中滥用垂饰褶皱。画家乔瓦尼·巴蒂斯塔·达·萨索菲拉托（Giovanni Battista da Sassoferrato）是佩鲁吉诺[3]和拉斐尔的后期模仿者。他画的许多圣母像，大都呈现了早期大师们流畅的理想化面孔和温和的姿态，并加入了类似的平静风景。但在给人物穿衣服和布置场景时，萨索菲拉托总是不能获得拉斐尔式的帷幔效果，或者我们可以相信他并不想那样做（图 54）。他似乎相信专注时尚的描绘可能会影响他的品位，也许还会影响他的感知，所以在他的画像中，甜美的圣母虽然穿着逼真的衣服，但却被包裹在狂热的蓝色之中，显得异常亮丽。更加夸张的绿色窗帘占据了画的右上角，使圣母身后的空间充满了与她的脸和姿势，以及窗外的宁静景色不相称的视觉动荡。这幅画展示了帷幔如何成为一种升华的标志（指让画面的氛围感得到提升。——编者注），即使它并没有提供任何实际内容。

这幅画中的巴洛克式褶皱在 17 世纪

3　佩鲁吉诺（Perugino）：彼得罗·佩鲁吉诺（Pietro Perugino，1446/1452—1523），意大利文艺复兴时期的画家。拉斐尔是他最有名的学生。

末因其本身的成熟而出现在很多画作中，将萨索菲拉托的《圣母子拥抱》(*Virgin and Child Embracing*)与第一章中的普雷维塔利的《圣母子与两位天使》(见图17)进行比较，我们可以看到在1500年时，对圣母斗篷的描绘更加精美。文艺复兴时期对褶皱的描绘更加突出直接感知，体现真实的丰富性；萨索菲拉托的帷幔看起来是概念上的丰富和理论上的充足，就像一个被遵循的公式。而普雷维塔利的光线经过调控，当褶皱围绕着人物时，它们与环境融为一体；萨索菲拉托光线处理的手法相对粗暴，褶皱似乎被拉平了，所以它们就像耀眼的斑块一样。萨索菲拉托受到卡拉瓦乔绘画中真实和幻象的布混合的影响，善于操作光线；但他缺乏伦勃朗和维米尔等荷兰画家的天资，这些荷兰画家基于卡拉瓦乔的创新，扩大了自己的视野。

为了表现抹大拉极端悲惨的境遇，卡拉瓦乔没有像许多画家那样裸露她的一个乳房。文艺复兴时期的艺术家们有时会模仿古希腊女神亚马逊的战斗形象，她的死具有传奇性，她为权利而战，在绝望的逃亡中，以忘我的热情，面对恐惧，露出一个乳房，并把它割下。随着17世纪的发展，意大利巴洛克画家为忏悔的抹大拉和自杀的克利奥帕特拉[4]采用了单乳主题，这两个人物都与性感有关。艺术家们用戏剧性的技巧描绘了裸露的乳房及其周围的褶皱，为这些人物的坚持或绝望提供了额外的动力。许多巴洛克画家，如圭多·雷尼[5]在他的《卢克丽霞》(*Lucretia,* 图55)中，他善于在同一幅画中传达极端的道德危机和极端的感官刺激。

这一组合似乎很适合卢克丽霞的主题。卢克丽霞是古罗马一位以贞洁著称的美丽的女护士长，在公开宣布被丈夫的朋友和盟友塔尔坎(Tarquin)强奸后，她为了维护自己的声誉刺伤了自己。在她自杀后，她的丈夫和他的追随者转而报复塔尔坎和他的家族，把这群专制统治者赶下了台，建立了罗马共和国。这个故事使卢克丽霞成为罗马传奇历史上的早期殉道者，但在故事流传后，人们一直怀疑善良的卢克丽霞一定很享受被强奸的过程，出于羞耻才刺伤了自己。这种怀疑在圣奥古斯丁(Saint Augustine)的《上帝之城》(*The City of*

4　克利奥帕特拉（Cleopatra）：也称克利奥帕特拉七世（约前70年或前69年—约前30年），通称为埃及艳后。是古埃及的托勒密王朝最后一任女法老。她让一条毒蛇咬死自己来同时结束自己和埃及的生命。她才貌出众，聪颖机智，擅长手段，心怀叵测，一生富有戏剧性，特别是卷入罗马共和国末期的政治旋涡，同恺撒、安东尼关系密切，并伴以种种传闻逸事，使她成为文学和艺术作品中的著名人物。

5　圭多·雷尼（Guido Reni，1575—1642）：意大利巴洛克画家。

图 55
圭多·雷尼,《卢克丽霞》,约 1620 年。布面油画,99 厘米 ×76 厘米。杜尔维治美术馆,伦敦。

God）中有所表现，对此，人们可以看出，圣奥古斯丁谴责自杀，特别是无辜人的自杀。他认为，如果卢克丽霞因为知道自己有罪而自杀，人们可能会对她的自杀表示同情；他说除她之外，没人知道她自杀的真实原因。后来圣奥古斯丁认为她的异教信仰让她相信她的自杀是唯一能让她看起来无罪的事，但作为基督徒，他必须认定她是一个杀人犯，因为她杀害了一个无辜的人，如果实情果真如此。

卢克丽霞是画家们艺术创作不断重复的主题，他们将性爱的理念融入她自我牺牲的形象中，所以在文艺复兴时期，很多不同类型的画作中都有卢克丽霞的形象，她挥舞着刀子，穿着与抹大拉相同的时尚服饰，很多画作混淆了两个人物。当时一个模特并没有拿着苹果扮作夏娃或拿着镜子扮作维纳斯时，这样一个诱人的全裸女人与她的匕首一起出现，大家可能就会联想到她的名字（卢克丽霞）。这个归功于圭多·雷尼的版本提供了厚厚的、不稳定的褶皱，将生动的胸部暴露在不断逼近的刀锋下，卢克丽霞紧紧攥着匕首，画面中除了自我意识的绝望和有意识的性吸引力的表情外，没有其他叙述材料。

我们可以看到，自本章开头所展示的提香绘画，他笔下的女士平静祥和，在他之后的两代人中，色情的半身像带来了新的变化：一种戏剧性的元素融入裸体的感官戏剧中，部分是由垂褶面料展露出来的。后来的一个例子是穆里略在17世纪70年代画的一个露出微笑的农民男孩（见图44），我们在本章的前面将他迷人的裸露的肩膀与卡拉瓦乔的男孩的形象进行了比较。但是，卡拉瓦乔的男孩，就像弗洛拉女神一样，毫不掩饰地张扬自己的魅力，穿上诱人的褶皱服饰，似乎是为了彰显个人的戏剧性，而不是为了愉悦观众。穆里略的男孩和雷尼的卢克丽霞似乎都在扮演一个相同的角色，他们斜着眼睛，带着微笑，露出迷人的魅力，却摆出痛苦的样子望向天空。这种戏剧性的感觉来自感性所处的更简单的情感层面，来自卢克丽霞上翻的眼睛和扭曲的服饰褶皱，来自农家孩子裸露的破旧衣衫和迷人的微笑的感性组合。

艺术家们从未放弃文艺复兴时期绘画主题中的半身半裸的单一人物，这些人物或许拥有传奇的或异国情调的头衔，但在他们身上我们更容易看到的是摆姿势的模特或被画的对象。自古代以来，几个世纪的伟大艺术为宽松布料的视觉带来了盛誉，描绘紧贴皮肤或在皮肤上轻掠而过的布料的主题比描绘宽衣解带的形象更能引起感官上的刺激；文艺复兴时期的画家为这一主题提供了一种更易表现的特写形式。辛迪·舍曼（Cindy Sherman）描绘了自己半蓬松头发的形象，是当代的一个很好的例子，她穿着一件玫瑰色雪绒袍，有巴洛克式的褶皱，露出一个肩膀，手臂和腋窝之间也有醒目的褶皱，还有裸露的脚踝（图57）。乍一看，她更像卡拉瓦乔·巴克斯（Caravaggio Bacchus），而不是威尼斯的维纳斯；但在弗里德里希·冯·阿梅林（Friedrich von Amerling）19世纪40年代的女性半身像（图56）中，我们也可以在浪漫主义绘画中看到女性露肩的来源，就像舍曼的照片所表现的那样：在这里，艺术家通过使用真实的衣服作为褶皱，并包括一些松散的头发，让背上的脊背沟更为突出，恰似胸部性感的乳沟。

好莱坞有很多优秀的肖像摄影师，他们的女性拍摄对象都有自己的传奇名字和面孔。整个20世纪这些摄影师都在使用半身半裸的主题，巧妙地将其与时尚的垂坠裙装相结合，经常强调臂膀裸露的向上推力（图58、图59）。我们可以在这些图片中看到引人注目的自觉、自律的美感，那是维纳斯在镜头的写照下充满力量的样子。与时尚照片相比，这些引人注目的好莱坞人物照更好地展示了巴洛克精神是如何在现代世界中传承和坚守的。

18世纪，法国洛可可画家继续——现在是以轻松的热情而不是严肃的热情——赞美裸露的身体部位从莫名其妙的织物涡流浮现出来的古老魅力，而不仅限于半身像。弗朗索瓦·布歇（François Boucher）在他大约于1745年创作的《黑发的奥达利

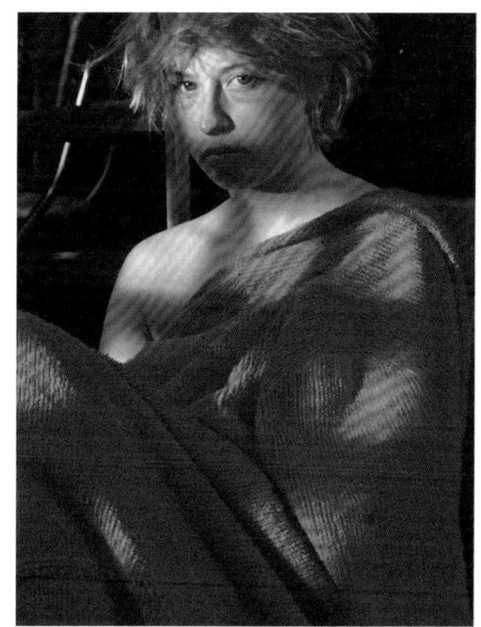

图 56（上左）
弗里德里希·冯·阿梅林（1803—1887），《一个女孩的肖像》（*Portrait of a Girl*），约 1830—1840 年。布面油画，64 厘米 ×51 厘米。雷斯坦画廊，萨尔茨堡。

图 57（上右）
辛迪·舍曼（生于 1954 年），《无题》（*Untitled*），1982 年。摄影照片，115.2 厘米 ×76 厘米。泰特，伦敦。

图 58（下左）
小威廉·沃林（William Walling Jr，1904—1982），《多萝西·拉莫尔》（*Dorothy Lamou*），1937 年。Kobal 收藏，伦敦。

图 59（下右）
菲利普·哈尔斯曼（Philippe Halsman，1906—1979），《玛丽莲·梦露》（*Marilyn Monroe*），1952 年。马格南照片，伦敦。

图 60（左）
弗朗索瓦 ·布歇（1703—1770），《黑发的奥达利斯克》，约 1745 年。布面油画，63.5 厘米 ×54.5 厘米。卢浮宫博物馆，巴黎。

图 61（右）
让 - 奥诺雷·弗拉戈纳尔（1732—1806），《床上的少女，让她的狗跳舞》，约 1770 年。布面油画，89 厘米 ×70 厘米。巴伐利亚国家博物馆，慕尼黑。

斯克》(*Dark-haired Odalisque*, 图 60）中，将这一主题东方化，展示了模特俯卧在一个低矮的沙发上，抬头看向我们。她露出了下半身，在一片清晰的褶皱海洋中张开双腿。这片海的大部分从她身后的墙上重重地落下，在她的双腿之间鼓起蓝色的天鹅绒波浪；其中一些在她的身下鼓起，形成蓝白相间的条纹，其余的白色泡状物则围绕在她的腰部和上臂周围，这可能是一件白色的女士宽松内衣。她的脚触到了地板上的玫瑰色地毯，地毯的蓝色和金色的边沿也厚厚地向上束起，仿佛要加入翻滚的波浪之中。后宫式的效果出现在她戴着羽毛的珍珠小头巾上，出现在放有香炉和放着更多珍珠的矮桌上；但异国情调主要是通过大量凌乱的织物来传达的，这些织物只是为了性感而堆砌在人物的背部，没有任何实际的家居功能。

在后来不久，出现了一幅类似的画作（图 61），让 - 奥诺雷 · 弗拉戈纳尔(Jean-Honoré Fragonard) 让小女孩模特仰卧在一张普通的床上，并用动物的皮毛覆盖她裸露的下半身，这大大增加了主题的趣味性。然而，这张小床完全笼罩在帷幔之中，其褶皱在动作周围形成波纹和气泡。它们与女孩卷起的衬衫、丢弃的睡帽和长袍，以及床单一起构成了画面中的褶皱，这样，当这个女孩抬起她裸露的双腿，托起她的幸运狗时，所有的一切可能都会荡漾在织物的兴奋中。

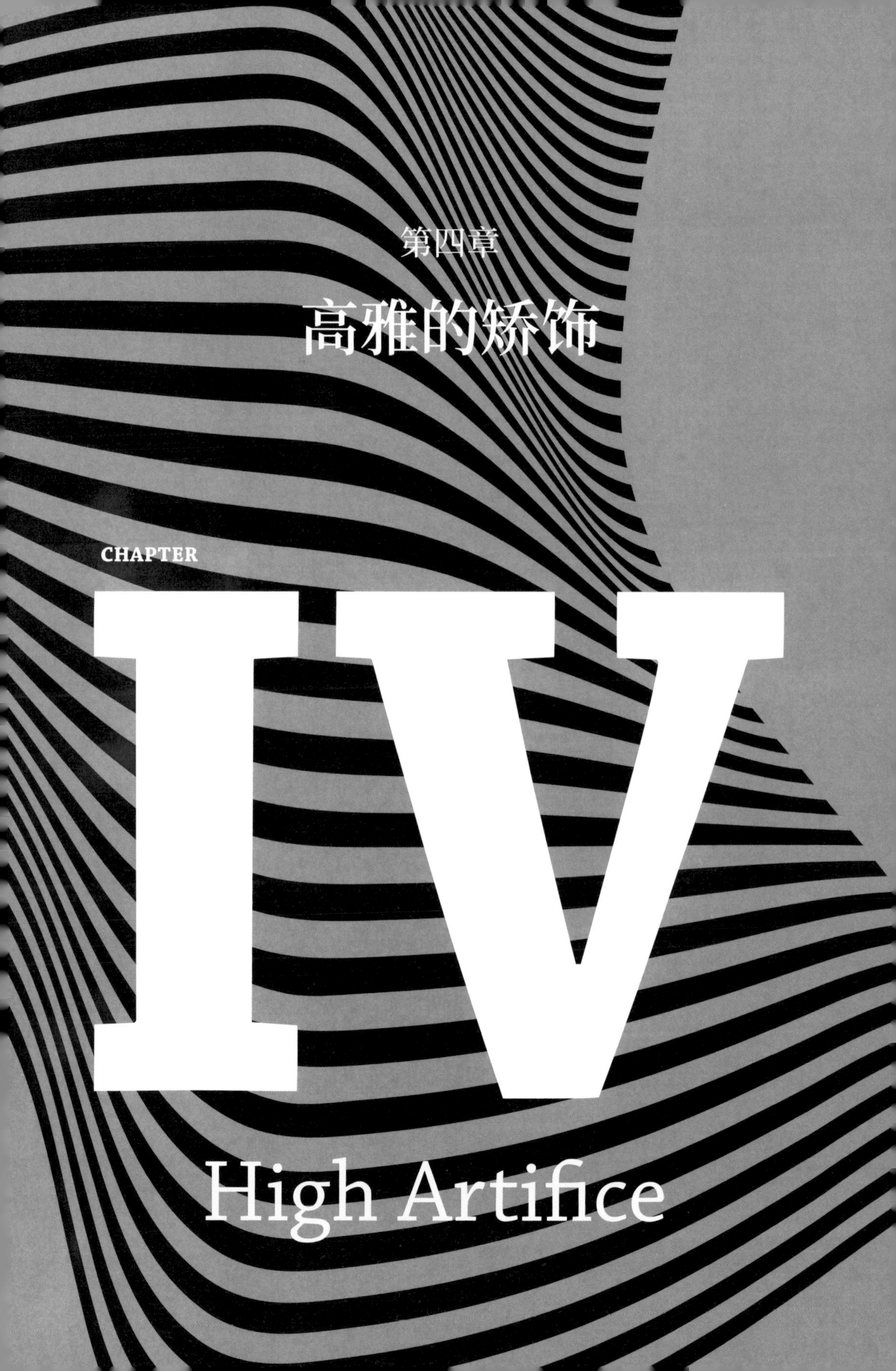

第四章

高雅的矫饰

CHAPTER

IV

High Artifice

到了17世纪后半叶，画家们更加青睐梦幻般的褶皱，对它的使用达到了一个高潮。伴随着一些基调的转变，它成功地持续到了18世纪的大部分时间。在这一时期，巴洛克绘画褶皱的气势强盛，无论是和风细雨，还是急风暴雨，都逐渐表现出对戏剧化的追求。传奇场景中的织物帷幔开始越来越像舞台装置，而画中人物开始穿上那些为演出准备的历史服装或奇装异服，而不是穿得便于行动或展现激情。在优雅的肖像画里，充实着一大片丰富的织物，它们堆砌在画中人物的身上，不是用作斗篷或披风，而仅仅是为了观赏，在画家的眼中，衣物是否真实或虚构，无关紧要。

凡·戴克在17世纪30年代就已经开始为他的肖像画制作这种特殊的效果，尽管当他让被画的人物穿上纯属幻想的衣服时，可能会模仿提香绘画对象所穿的服装——也就是说，给弗洛拉加上披风套装，比如他1634年创作的画作《维尼蒂亚，迪比夫人假扮的普鲁登斯人》（图62）。她谨慎地披着两件斗篷，一件是黑色的，牢牢地斜着扣在她的胸前，一件是厚重的玫瑰色缎子，光彩夺目，包裹在她的肩上和腿上。然而，这些戏剧性的褶皱效果与我们在上一章看到的1626年鲁本斯的《圣母升天》或1629年普桑的《圣凯

图 62
凡・戴克,《维尼蒂亚,迪比夫人假扮的普鲁登斯人》(*Venetia, Lady Digby as Prudence*), 约 1634 年。布面油画,101.1 厘米 × 80.2 厘米。国家肖像馆,伦敦。

瑟琳的神秘婚礼》中的效果一样简单明了。对于以自己为主角的半身肖像画，我们也能看到凡·戴克在人物宽大的衣服和围巾上，以及他们身后宽大的褶皱中创造了同样自然的效果（见图 39、图 40）。

然而，在凡·戴克为卡斯尔海文伯爵夫人（Countess of Castlehaven）所画的肖像（图 63）画中，可以看到他对织物褶皱的非现实性使用，让人想起丁托列托，但同时也预示了下一世纪将会出现的、更加自觉的装饰性肖像画。在中性背景下，卡斯尔海文伯爵夫人占据画面四分之三的高度，穿着一件看似普通的衣服，服装史学家认为这件衣服完全是由凡·戴克发明的。在 16 世纪的女性肖像画中，第一次出现这种袒胸露肩的时尚——安妮·卡尔的画像（见图 40）也穿着这种衣服。

在 17 世纪前三分之一的现实生活中，优雅的英国礼服，任何低领口都不会缺少装饰性的蕾丝，要么装饰在衣服的外侧，要么在里面贴着皮肤，或者两者都有。凡·戴克本人在 17 世纪 30 年代为亨利埃塔·玛丽王后（Queen Henrietta Maria）绘制的肖像画中，对此有生动的呈现。

相反，卡斯尔海文伯爵夫人赤裸裸的领口和她的肉体之间有一条白色细线，这是一种艺术手段，就像她肩上的胸针和袖子边上的扇贝装饰一样，暗示着文艺复兴时期威尼斯高级画家所推崇的田园浪漫。两三米长的蓝色丁托列托风格的褶皱织物紧贴着她的身体，向着空中蠕动，此刻，它被女士的手和胳膊驯服，显然是在挣扎着向上飞，争取在艺术上获得完全的自由。为了保持她的冷静和真实，艺术家对她现代的发型和珠宝进行了真实的展现，她的发型和珠宝塑造了卡斯尔海文伯爵夫人坚毅的脸庞。

到了 1700 年，在艺术创作中主动有效地调用褶皱面料，其本身已经成为欧洲肖像画的标准配置，无论是在人物身上，还是在人物之外。在那时，它已经给人留下了我称之为戏剧性的、或自我意识的、或滞后的、或壮观的印象，与我称之为戏剧性的早期表达用途形成对比，而且这种印象并不局限于肖像画中。我想说的是，这种新的东西与早期巴洛克作品中的东西的区别在于精神的添加：它的出现旨在宣

图 63
凡·戴克，《卡斯尔海文伯爵夫人》（*The Countess of Castlehaven*），约 1635—1638 年。布面油画，133.4 厘米 × 101.6 厘米。彭布罗克伯爵的收藏，威尔特郡威尔顿宫。

扬我所定义的艺术矫饰。在传奇性的场景中，褶皱不再被直接用来加强人物之间的戏剧性，或单个人物（如抹大拉或圣艾格尼丝）灵魂中的内部戏剧性，仅作为画中人物身上穿着的僵硬服装的衬托；它也不同于早期艺术家在作品中呈现的暗示意义，以便唤起艺术的力量。它的出现将画面定位在一个巧妙设计的范围内，就像舞

台周围的帷幔一样，让观者自愿终止对其对象不真实的怀疑。它的使用直接参考了舞台实践，或是仅仅是为了炫技，在渲染褶皱时具有非常强的逼真感，以帮助消除怀疑。

有一个温馨的小例子，1700 年左右，荷兰画家戈特弗里德·沙尔肯（Godfried Schalken）画了一幅肖像画（图 64），我们发现画中的主人公头上梳着当时流行的发型，穿着当时的宽褶衬衫，一点也不像提香画中的人物，也不像凡·戴克笔下对提香人物的模仿。但在画中，画家用一段扭曲的蓝色丝绸穿过了她的身体前部，它的一端——不清楚是哪一端——在身后飞向空中。画中不见她的前臂和手，它们显然没有着力于正在飞扬的蓝色丝带。在她身后是一幅真正的流苏挂帘，左边变成了标准的背景布帘，边缘朦胧不清。戏剧元素是这幅画的蓝色丝带，具有蛇形外观，飞翔在角落，图像本身既没有风，也无戏剧冲突。在一幅温柔的肖像画中，褶皱体现的仅仅是自身的装饰性、表现性和壮观性。

图 64（上）
戈特弗里德·沙尔肯（1643—1706），《乔西娜·克拉拉·范·西特斯》（*Josina Clara van Citters*），约 1700 年。布面油画，30 厘米 × 25 厘米。国立博物馆，阿姆斯特丹。

图 65（右）
朱塞佩·玛丽亚·克雷斯皮（1665—1747），《福尔维奥·格拉蒂伯爵》（*Count Fulvio Grati*），约 1705 年。布面油画，226 厘米 × 152.5 厘米。蒂森·博纳米萨博物馆，马德里。

博洛尼亚画家朱塞佩·玛丽亚·克雷斯皮（Giuseppe Maria Crespi）创作了福尔维奥·格拉蒂伯爵（Count Fulvio Grati）肖像（图 65），是 1705 年一个令人印象深刻的例子。画中的背景帷幔边上站着一个人，看似仆人，增加了画面的戏剧性，他在坐者身后鼓动着帷幔。坐者腿上

图 66（左）
亚森特·里戈，《安托万·佩里斯》，1724年。布面油画，144.7厘米×110.5厘米。国家美术馆，伦敦。

抱着琉特琴，左手摸着桌上的曼陀林。另一个仆人正在翻阅乐谱，寻找合适的曲目。壮观的绿色帷幔从放有曼陀林的桌子上垂下，像一条裙子，最为壮观的场景是，大幅帷幔褶皱在琉特琴下面金光闪耀，遮盖在坐者的膝盖和两腿之间，衬托着那只优雅的没有遮盖的小腿。如果这个物体是一个斗篷，那么它在这里并没有展现出斗篷的特征。看来，画中所有垂下的褶皱，只是构成这位高贵的业余音乐家画像的背景物，用于增加景物的存在感，呈现的仅仅是一个活生生的视觉表象，借此，我们仿佛能够听见帝国琉特琴拨动的琴弦。除了褶皱的矫揉造作，他还穿了一件带有老式袖子的马甲和一件样式简单，没有蕾丝袖口或领带的衬衫，便于更好地弹奏乐器。

在法国，亚森特·里戈（Hyacinthe Rigaud）在1724年画了《安托万·佩里斯》（*Antoine Pâris*，图66）。安托万·佩里斯悠闲地坐在书房里，穿着花边衬衫，胸前敞开，普通的棕色丝绸大衣没有扣子，戴着巨大的假发，看起来很自然。然而，在他的腹部，他攥着大约15米长，卷起的蓝宝石天鹅绒，这些天鹅绒被缝在一起，缝隙清晰可见，内衬是精心缝制的金色锦缎，边缘有金色刺绣装饰，描绘得非常清晰。这个奢华的织物看不见头，也看不见尾，它从坐者的左膝外重重地垂落到他的腿上，然后在他的右膝上闪现出它的内衬，最后从他的手中外泻，在他的右臂上翻腾，卷起折叠，闪现出更多的内衬，然后消失在他的背后，也许继续从椅子上下垂，铺满整个房间。毫无疑问，这并不代表一个具有真实尺寸的真正的斗篷，而是为了描绘一个盛大的场合，让沉重的褶皱铺盖在安托万·佩里斯的身上。里戈在这里把它画成了一片毫无遮掩的海洋，一种秘密的荣誉之布，漂浮在一幅非正式的肖像画中间。

一代人之后，即1749年，让·马克·纳蒂埃（Jean Marc Nattier）提供了一个更加矫饰的法国肖像画的例子（图67）。

像克雷斯皮的作品一样，画中厚重的帷幔以直截了当的戏剧性方式挂起来，也许它仍然是暗指荣誉之布，但它现在装饰着一间私密闺房，房间里面安放了一张覆盖着蕾丝面料的梳妆台，人物的后面呈现了一些奇怪的古典建筑。这对母女穿的完全是画作中的衣服，轮廓模糊，是一些存在于想象中的外衣、连衣裙和无形状的大衣；但这些衣服已经完全被描绘成垂褶的织物。它们更多的是根据提香的理想造型而非根据凡·戴克的版本进行创作的，但这些衣服显得挺括和热情洋溢，没有任何讽喻的暗示或明确的经典参考。母亲为女儿梳妆打扮，女儿跪在母亲身边，手里拿着一个打开的首饰盒，这个场景直接说明了矫饰的主题。画中所宣扬的主题是，注重矫饰打扮是一种个人美德，母亲应该加以管教，并为孩子树立榜样。

这两个人所穿的舞会盛装，如此蓬松矫饰，与我们在那个世纪晚些时候看到的约翰·佐法尼(Johann Zoffany)和雷诺兹的肖像人物所穿的衣服相似，尽管到了他们那个时期，新古典主义提出了看待自然和古代思想的新观点，这些观点逐渐占据主导地位，华而不实的风格正在退出人们的审美视线。画中可以看出她们穿的垂坠的衣服只为画作而穿上，隐约地暗示了一个古老的神话人物，我们不相信这两位贵族女性通常都穿着这样的衣服，夫人宽松的上袖束缚着珠宝带，腰部松散，没有紧束。事实上，当时的女性大都穿着圆锥形的束身衣和带肘部褶皱的紧身袖子，就像纳蒂埃当时所画的其他肖像人物一样，无论她们是否为肖像画加上丰富的、类似里戈画中的褶皱。对于其他奇异服的肖像画，

图 67（左）

让・马克・纳蒂埃（1685—1766），《马萨利耶夫人和她的女儿》（*Mme Marsollier and her Daughter*），1749 年。布面油画，146.1 厘米 × 114.3 厘米。纽约大都会艺术博物馆，弗洛伦斯・S. 舒特（Florence S. Schuette）的遗赠，1945 年。

她们可能会穿着狄安娜[1]的服装出现在户外，带着弓箭、新月形头饰和豹皮。史料记载，在当时，每个女人都会穿上长裙，不同于画中的服装；不过，在这里，我们可以从他们有意识的画作、准古典服装，以及他们戏剧化的闺房装饰中欣赏到各式各样的褶皱。

这幅人物画具有风俗画场景的特点，也具有浪漫主义或传奇故事中的场景特点。在这些类别中，对织物褶皱和服装的观赏性，画家给予了生动的描绘。在很多作品中，我们发现，画家通过对服装的描绘，来表示一种新的和更自觉的精神，从而体现对矫饰的追求，这些服装经常被描绘成某种刻意的舞会盛装，即使在画面中没有使用褶皱。

长期以来，人们一直很关注舞台上的服装与绘画中的服装的联系。有证据表明，从 13 世纪到 16 世纪，绘画中的服装与选美比赛或街头戏剧舞台上的服装之间有很多互动；不过，这种互动大多是不自觉的。画家们对画中的衣服感兴趣，他们认为这些衣服不是戏剧性的，而是适合人物的；而舞台上的服装师很少模仿具体的画作制作衣服。在任何时代，服装师和画家都会就某一特定人物或类型人物选择正确的服饰，他们通常能达成一致，比如一个普通的天使应该穿什么；画家有时也会为舞台做设计；但舞台服装师很少成为画家，绘画也不会成为戏剧，虽然它们同属艺术的门类。

现实生活中的舞会盛装往往与绘画有着更有趣的联系，因为它是为非演员发明的，并由非演员在特殊的场合穿戴，如狂欢节、宫廷假面舞会等节日；而这样的场合可能只是一幅画，模特装扮成弗洛拉，或画中的贵族人物装扮成狄安娜，这些装扮都是出自画家的想象。我们已经看到，在保证神圣人物或传奇人物的服装具有可识别性的条件下，画家可以在他们的服装中自由地加入具有现代风格特质或现代细节，因此，绘画中的圣母可以穿上一系列有不同袖子的衣服，但她的衣服必须具

1　狄安娜（Diana）：希腊神话中为阿耳忒弥斯，是一名头嵌弯月，手持银弓亮箭的唯美女神，罗马神话中朱庇特和拉托娜的小女儿，月亮和少女的守护神（她的哥哥在罗马神话中是阿波罗），喜欢狩猎，热爱大自然，代表贞洁和母性本能。因为她是三处女神之一，因此也被认为是女性纯洁的化身。

有很高的辨识度，体现她的圣母身份；而狄安娜女神，或克利奥帕特拉，或普鲁登斯，可以穿着古典服装，整个组合可由画家自行设置，看起来像一些穿上优雅舞会盛装的现代女士或现代模特，躯干和发髻的形状最能体现时尚的变化。

在我看来，早在16世纪之前，几乎所有的欧洲画家都习惯于这样的画法，而在1700年左右，也许更早一点，绘画中的衣服——不管是不是肖像画——都表现出对舞会盛装的刻意追求，或者它们就是名副其实的舞会盛装；同时，任何附带的褶皱都变得更具舞台装饰感，至于它们所表现的戏剧冲突，画家并不十分关注。

把舞台服和舞会盛装作为绘画题材，似乎变得更有魅力：舞台表演的画作，职业演员的肖像画经常被画成既穿着舞台服又穿着舞会盛装，或者穿着自己的个人服装。当然，此时其他穿着普通服装的肖像画也出现在男女人物身上，他们的衣着不同于那些幻想服装，但他们的发型却一如既往地趋于一致。当时出现了所谓的“历史画”，即与传说和宗教中的严肃主题有关的画作，开始具有明显的戏剧性色彩，褶皱作为绘画元素，作用越加突出。

18世纪伟大的威尼斯画家乔瓦尼·巴蒂斯塔·提埃波罗（Giovanni Battista Tiepolo）和乔瓦尼·多米尼克·提埃波罗（Giovanni Domenico Tiepolo）是父子关系。他们所画的传奇人物，经常穿着16世纪的服装，不管他们所画的场景发生在什么时候——这些作品中人物的衣着只能被称为“costume”（costume在此处指某个特定时期的古装，作者的意思是我们不能用dress、cloth之类的词来概括这些画中人物的穿着。——编者注）。安东尼和克利奥帕特拉或法老的女儿到摩西，他们身上所穿的服装，在绘画中细节翔实，具有连贯性，虽然基于维罗内塞[2]早期绘画中的厚重衣服，却显示出舞台服装的所有风格化元素。当时的准历史性风格，衣领高耸、宽大，袖子略显肿胀，发角卷曲硕大，整个组合看起来夸张，其设计表现的是选美或游行所穿戴的历史服装，画中的人物静态呈现，不需要伴随表演、唱歌或舞蹈。

大约在1743年，老提埃波罗为他的伟大壁画《安东尼和克利奥帕特拉的会面》（*The Meeting of Antony and Cleopatra*，图68）绘制的一幅油画草图中，给埃及人戴上了东方人的头巾，并给英雄安东尼穿上了一套真正的罗马盔甲、头盔和短战裙；但他在下面用紧身马裤遮住腿部。所有这些模式都遵循了源自文艺复兴时期戏剧的舞台惯例，在提埃波罗自己的时代，这些服装仍在舞台上被用来表示古代。然

2 维罗内塞（Veronese，1528－1588）：原名叫保罗·卡尔亚里，意大利威尼斯画派画家。艺术大师提香有两个伟大的弟子：丁托列托和维罗内塞，他们同时被誉为16世纪意大利威尼斯画派三杰。

图 68

乔瓦尼·巴蒂斯塔·提埃波罗（1696—1770），《安东尼和克利奥帕特拉的会面》，约 1743 年。布面油画，66.8 厘米 ×38.4 厘米。苏格兰国家美术馆，爱丁堡。

图 69

乔瓦尼·多米尼克·提埃波罗 (1727—1804),《腓特烈·巴巴罗萨和勃艮第的贝特丽丝的婚礼》(*The Marriage of Frederick Barbarossa and Beatrice of Burgundy*)，约 1752—1753 年。布面油画，72.4 厘米 × 52.7 厘米。国家美术馆，伦敦。

而，给女主人公穿上僵硬的束身衣和双层的宽下摆长裙，这种穿着却不是古罗马人的传统，她的穿着是当时流行的样式，略带一些异国情调，呈现了一个不同的历史时期。提埃波罗依据16世纪威尼斯的舞台服装的样式，对整件衣服进行了改造，包括埃及艳后的角状发饰和袖子顶部的斜纹卷，这两样东西都可能出现在维罗内塞时代的埃及艳后身上，符合当时的时尚潮流。

这意味着提埃波罗对舞台服装的模仿并不直接，他没有模仿每个人都能认可的舞台风格。相反，他是在创造一种更为通用的舞台感，以体现对历史服装的宏观考量，强调装扮的整体效果，而不是重现现在或过去的真实舞台上司空见惯的装束。这是一种绘画性的戏剧，在这方面他是一个完美的大师。在宫殿的墙壁和天花板上，他的许多绘画场景都是为之而作的，由类似舞台的幻觉性绘画建筑构成，这种准戏剧性的外观拥有完美性，引人注目。

乔瓦尼·多米尼克·提埃波罗大约在1752—1753年创作了一幅小画布作品，从中我们可以看到不同的服装效果，这幅画描绘的是腓特烈·巴巴罗萨（Frederick Barbarossa）和勃艮第的贝特丽丝（Beatrice of Burgundy）的婚礼，这一事件发生在12世纪中期（图69）。提埃波罗将这一事件中的人物装扮成16世纪末的样子，尽管在当代的人看来，这对新郎、新娘和他们的家臣身上的衣服有夸张的领子和袖子，画中描绘的衣服大多是法国历史电影的服装设计师在1948年左右喜欢呈现的服装，比维罗内塞的画作或文艺复兴时期的舞台上呈现的服装更为丰富。然而，这种构图完全不是电影式的展现，而是艺术史的展现，画作中的服装超越了现实中的服装，充分揭示了显赫的威尼斯家族中的前辈们对当下服装发展的影响。舞台上的节日帷幔装饰在他们自己的时代风格中是很壮观的——大量完美的丝质斜纹布，由舞台工作人员将其撑开悬挂起来，在典礼仪式上表示赞赏般微微地上下抖动，或风机的吹拂下尽情地摆动。

提埃波罗所画的舞会盛装人物画有一个共同的特征，就是真实性，其外观能看出特定的材料，在表现裁剪和缝制方法方面也很真实，有内衬、有夹层、形状硬挺、饱满或膨松等等，这些在画中都非常清晰，无论画中表现的是一个活生生的场景、来自四大洲的寓言，还是取自塔索[3]或《圣经》里的情节。缝线和扣件都刻画得很清楚，面料和下摆的描绘也是如此，而且衣服很合身。这不是米开朗基罗式或丁托列托式的想象中的画像服装，在那些画

3 塔索（Tasso, 1544—1595）：意大利诗人，文艺复兴运动晚期的代表。代表作是叙事长诗《被解放的耶路撒冷》（1575）。长诗以11世纪第一次十字军东征为背景，写戈特弗里德·布留尼统帅十字军从回教徒手中夺取耶路撒冷的故事。

中，虚构是一种高雅的艺术表现形式。它们不是现实胜似现实，即使它们不是准文艺复兴时期的服装，仅仅是半空中超自然人物所穿的，杜撰的斗篷和外衣，以及戏剧盔甲的碎片。当围巾在肢体和云层中飘动时，你可以看到它们首尾相连的完整性，能感受到它们的质感，以及它们的穿着方式。

在法国，让－安东尼·华多(Jean Antoine Watteau)比提埃波罗早了十年，而且风格相近，他也擅长描绘戏剧性的幻想服装。他对16世纪末的服装进行了精确的描绘，从而建立了自己的独特风格，以精致的模糊性著称。他的画深受维罗内塞等人的影响，不过鲁本斯的影响更明显一些。华多是一名佛兰德画家，自然继承了佛兰德画派早期对光线、细节和略显笨拙的动作的处理方式。他的作品中只有部分人物穿着舞会盛装，其中只有个别是专门参照意大利喜剧团的衣着，但每个人都以某种方式摆出姿势、演戏和展示服装。这些画的主题来自神话故事，是地地道道的舞台场景，没有真正的历史感，也没有

图 70（左）
让 - 安东尼·华多（1684—1721)，《愉快的休息》，约 1713 年。木板油彩，20 厘米 ×13 厘米。牛津大学阿什莫林博物馆，英国。

电影般的真实感，缺乏明确的叙事，只有一种气氛的烘托。这在很大程度上取决于艺术家的创造能力，他能够将令人颤抖的生活经验注入他对穿着类似服装的人的巧妙安排中，使之散发出自然的气息。

大约在 1713 年，有一幅名画名为《愉快的休息》（*Le Repos gracieux*，图 70)，场景中，什么都没有发生，没有人在演奏音乐或跳舞，甚至没有人转身或起身。这对男女似乎在默默地交流，他的手指握着剑柄，身体靠在一只胳膊上，而她拿着一把闭合的扇子，直直地坐着。在她身后，一只警觉的小狗，注视着任何细小的变化，伺机做出反应。它看见一个面具掉到了地上，还有系着丝带的花束，以及她身下坐着的衣服留下的一道道褶皱。

画中的男女二人都穿着舞会盛装，尽管他们各自的风格不同。男的穿着一件扣着扣子的紧身上衣，圆形皱领，后来在英国被称为“凡代克”（ Vandyke）服装，常出现在庚斯博罗（Gainsborough）的肖像画中。根据穿着，可推断这位男士是一位绅士，搭配及膝的马裤和带有玫瑰花的鞋子。他的黑色帽子让他看起来更像一名职业喜剧演员，不难看出，他的衣着具有某种历史感，暗示它是一种表演者的服装。女士的衣服则是真正的淑女装，一排时髦的蝴蝶结垂在上身，丝质手套一直遮到肘部，袖子上有褶边。装饰性皱领、饰有羽毛的帽子和黑色西班牙斗篷，都是那种 16 世纪服装的配饰，适合狂欢节或花式舞会的穿戴，为此，我们可以推断她不是一位专业的舞台表演者。

事实上，我们无法确定画中人物的真实身份，也无法确定他们到底是什么关系，只能说他们看起来很和善。他们的衣服不知为何如此生动，画家在表现他们的衣服时没有添加任何额外的修辞。但华多在她圆润的下巴和胸脯上投下了额外的光线，以及在丝绸下他们的四个膝盖依稀可见，男士的一个膝盖几乎触碰到女士的膝盖。这两个人似乎想让他们的感情穿透他们各自衣服的束缚，在喷泉边享受着这个安静的时刻。华多展示的不仅仅是两种装束——舞会盛装和舞台服装——还有它们所带来的不同的心理效果。这幅画中没

有壮观的褶皱，即使对于微妙的情欲交流，也只是通过对服饰的一些细致刻画表现的。

1753 年，让 - 奥诺雷 · 弗拉戈纳尔完成了《赛琪向姐妹炫耀丘比特的赠礼》（*Psyche Showing her Sisters her Gifts from Cupid*，图 71），画中创造了一个非常不同的舞台奇观。画家对这个神话场景的描绘，特别是对材料的质地和服装结构的准确把握方面，其技巧远不及提埃波罗和华多。不过，他所描绘的是一个古典幻想的主题——这个故事出现在公元 1 世纪阿普列乌斯（Apuleius）的《金驴》（*The Golden Ass*）中，以及拉封丹[4]的一首诗中，正是通过对织物布料的模糊描绘，表现了织物褶皱对身体的多重爱抚，暗示着褶皱在这些可爱生物的身体上的亲密接触，忽隐忽现地裸露出它们修长的身体。

4　拉封丹（La Fontaine）：让 · 德 · 拉 · 封丹（Jean de la Fontaine，1621—1695），是法国古典文学的代表作家之一，寓言诗人。与古希腊著名寓言诗人伊索及俄国著名寓言作家克雷洛夫并称为世界三大寓言作家。主要著作有《寓言诗》《故事诗》《普叙赫和库比德的爱情》等。

图 71（左）

让 - 奥诺雷 · 弗拉戈纳尔（1732—1806),《赛琪向姐妹炫耀丘比特的赠礼》，1753 年。布面油画，168.3 厘米 ×192.4 厘米。国家美术馆，伦敦。

这些织物显然不是衣服。弗拉戈纳尔特意忽略了任何关于合身、扣件、单调的质感，以及垂感的内容。另一方面，仙女们的头发却是按照 18 世纪 50 年代的时髦风格梳理的，一位美发师仙女正在打理普赛克[5]的发型。画家使用了一种历史悠久的手法——如今在舞台上或银幕上仍能见其踪影——将现代人的头像描绘在衣着华丽的身体上，以确保无论服装多么奇异或古老，都能让观看者立即产生现代联想。

弗拉戈纳尔似乎在向我们展示丘比特的神圣存在，变戏法似的让他伪装成五颜六色、谄媚与挑逗的超自然的帷幔出现，给每个被包裹在其中的女人带来了瞬间的情色快感，同样也让所有看到它的馈赠的人感到兴奋。舞台上也装饰着一条透明的长长的帷幔，帷幔的右上方飘浮着几个胖乎乎的小天使，与此同时，普赛克的姐妹仙女们正在欣赏其他同样令人难以抗拒的漂浮物——所有这些都是丘比特的赏赐，无疑和她们自己的服装一样令人兴奋。他那装满箭支的红色箭筒放在前景处的地板上，形状描绘清晰，以表明画中的仙女正处于非常动情的状态。通过画面的描绘，我们极易感觉到，那些没有形状的褶皱似乎代表了爱抚——也就是说，它们能激发性唤起——与 18 世纪 40 年代布歇的《奥达利斯克》(*Odalisque*，图 60) 中的褶皱有异曲同工之妙，后者是弗拉戈纳尔的第一位老师。在这两幅作品中，我们看到他们在画中的褶皱安排都有刻意为之之嫌，其目的是更好地渲染情色氛围。

非常不同的是多纳托 · 克雷蒂 (Donato Creti) 在 1713—1714 年创作的《阿尔特米西亚喝下毛索罗斯的骨灰》(*Artemisia Drinking the Ashes of Mausolus*，图 72)，展示了寡居的王后从一个侍女送上的托盘上拿起杯子。阿尔特米西亚 (Artemisia) 是毛索罗斯 (Mausolus) 的

5　普赛克（Psyche）：罗马神话中的灵魂女神。原是一名罗马国王的女儿，最小的公主，外表和心灵美丽无双，引起罗马爱情与美丽女神维纳斯的妒忌，并使计把普赛克嫁给世界上最丑恶凶残的野兽。但计划导致其小儿子爱神丘比特爱上了普赛克并和她秘密成婚。普赛克遭到姐姐们和维纳斯的种种刁难折磨，但最终普赛克战胜了磨难，被神王朱庇特封神，和丘比特正式成婚并进入了天堂。

妹妹，也是他的妻子。公元前4世纪，他们共同统治着卡里亚的首都哈利卡纳苏斯，在那里，她在他死后喝下了他的骨灰，也许是为了与他更亲近。为了纪念他，她为他建造了巨大的陵墓——摩索拉斯陵墓，它被誉为古代世界的七大奇迹之一。这幅画用色彩丰富的实物阐述了这个忧郁的主题，除了两位主角的手、脚和装饰的头之外，什么也没有。在画面的左下方，一个穿着华丽的黑色仆人笼罩在阴影中，几乎没有人注意到他——除了他的缎子袖子，他在整个画面中与那些悬挂的部件相比，显得微不足道。

这幅画中没有家具，没有建筑元素，也没有景观痕迹，仿佛光靠布料的展现、褶皱和拖逸就能满足画家所需要表达的内容，就能讲述一个宏大的事件。这些布料看起来更像是舞台装饰，没有绘画般飘动的波浪感——仿佛被捆成一团，高悬着，僵硬地伸展着。这两个女性的身体几乎不存在，克雷蒂用他的褶皱浪潮掩盖了她们的身体。在作画时，他可能先让女人们摆好姿势，穿上衣服，拿着她们的道具，然后从储物间里取出纺织品，披盖在她们身上，布置在舞台和演员周围，这些设置屏

图 72（左）
多纳托·克雷蒂（1671—1749），《阿尔特米西亚喝下毛索罗斯的骨灰》，约 1713—1714 年。布面油画，62.7 厘米 × 49.9 厘米。国家美术馆，伦敦。

蔽或掩盖了一切无关的东西。最后他通过光线，让织物跃然画布上，突出人物的轮廓。侍女跨着大步，双腿显得暗淡，衣服上耀眼的白色和黄色，衬托着拿着托盘的手，与她那异样头发下阴影中模糊的脸形成鲜明的对比。相比之下，他把强烈的光线投射在女王的王冠、脸、喉咙和扶着肚子的手上，使它们从蓝色和灰色的褶皱中朦胧地浮现出来。他展示了整个事件遭遇的场景，周围挂满了血红色织物，并铺满了地板。这幅作品上演了一出强烈的绘画帷幔情节戏剧，看似奇怪，难以令人信服，但它却告诉我们，独立的帷幔的使用，对于画家来说，具有重要作用。

在整个 18 世纪，艺术家们都在创作不同版本的舞会盛装画肖像，就好像画中人物和画家一样希望唤起戏剧的精神，而不在乎任何实际的舞台表演。它可能是一套完整的仪式服装，如加冕长袍或宫廷礼服，更常见的是一种时尚的时代服装，如上面提到的“凡代克”套装，可能是化装舞会上的装束，或优雅的现代版本的准古典或准东方服装。并非所有衣服都是真实生活的写照，它们中的大多数都只适合在一些特定场合穿，如画像和参加舞会时等，对此，我们可以在美术时尚里找到许多记载。画家在画一个所谓的传奇人物的肖像时，可能会自己提供适当的装备，也许是模仿早期大师的衣物方式，当然也会满足画中人物的要求，但他肯定会让女士满意，让她穿上昂贵的舞会盛装，仿佛准备参加一个隆重的节日庆典。

化装舞会一直是宫廷和上层社会生活的一个部分，18 世纪更加盛行。在法国，亨利四世（Henri Quatre）风格的礼服，以及 16 世纪末所穿的立领、环形珍珠链、全切袖和环形罩裙，都曾出现在 18 世纪 70 年代和 80 年代的花式宫廷舞会上。同一时期，在英国，根据鲁本斯和凡·戴克的肖像画改编的礼服在类似的花式舞会上极为流行，其中许多样式在肖像画中得到了永久流传。

托马斯·庚斯博罗（Thomas Gainsborough）1777 年给格雷厄姆夫人（Mrs Graham）画了一幅肖像画，对“凡代克”或“鲁本斯妻子”风格做了精致的复现，其理念似乎完全体现在这件衣服里（图 73）。这位女士穿着最新的束身衣，梳着最新的发型，留存着17世纪早期时尚的痕迹。她所佩戴的珍珠项链与鲁本斯肖像画中的一模一样，衣服上还有鲁本斯式的上下袖子的分界线，这种袖子后来被演绎为现代的窄袖；罩裙镶有珍珠边的分界线，裙身一分为二，一边是18世纪70年代的波浪裙，另一边是凡代克的蓬松的巴洛克式陪衬帷幕，露出硬邦邦的伊丽莎白式衬裙，上面有蓬松的珠宝图案。另一方面，格雷厄姆夫人的花边钉子立领，是18世纪末对过去的日子的幻想的一个例子。这种可拆卸的艺术图案在提埃波罗、威廉·布莱克(William Blake)和卡斯帕·大卫·弗里德里希(Caspar David Friedrich)等人所画的肖像画中都能找到，而且还能用来描绘拿破仑宫廷的御用服饰；但在16世纪和17世纪，这些装饰并未出现。帽子也来自鲁本斯，成了1777年优雅服饰所必备的边沿上卷的火药塔帽。

肖像画家总会应要求表现画中人物的身份地位。有一个很明显的例子，就是约书亚·雷诺兹(Joshua Reynolds)在1773年所画的贝拉蒙第一伯爵查尔斯·库特(Charles Coote, 1st Earl of Bellamont，图74)。画中，他穿着巴斯

图73（上）
托马斯·庚斯博罗(1727—1788)，《尊敬的托马斯·格雷厄姆夫人》(*The Honorable Mrs Thomas Graham*)，1777年。布面油画，237.5厘米×154.3厘米。苏格兰国家美术馆，爱丁堡。

图74（右）
约书亚·雷诺兹(1723—1792)，《查尔斯·库特，贝拉蒙第一伯爵》(*Charles Coote, 1st Earl of Bellamont*)，1773年。布面油画，245厘米×162厘米。爱尔兰国家美术馆，都柏林。

图 75（左）
约翰·佐法尼（1733—1810），《迈克尔·伍德霍尔夫人》（*Mrs Michael Woodhull*），约 1770 年。布面油画，243.8 厘米 ×165.1 厘米。泰特美术馆，伦敦。

骑士[6]长袍，人物形象具有戏剧权威，舞台窗帘的横向摆动，明显地由舞台绳索撑起，形成了伯爵巨大头饰的背景——帽子上一大簇一米高的羽毛，堪比路易十四扮演的太阳王。这顶帽子和它的十几根直立的羽毛并没有放在地板上或附近的桌子上，而经常出现在皇室和贵族的仪式肖像中，用来装点象征专横的王冠或沉重的头盔。它高高地矗立在肖像人物的头上，就好像他真的是假面舞会上的神或英雄。

英雄的盔甲放在地上，后面有一面大旗，上面用金字写着他的称号。骑士团的双层玫瑰粉色斗篷披挂在他的双肩，威风凛凛，他全身上下被服饰包裹，旁边地板上放着他脱下的盔甲和战旗。为了平衡他头上羽毛的向上推力，他脖子上固定斗篷的粗丝绳垂系在腰间，形成一个巨大的松散悬挂的双环结，两个球茎状的金流苏从他大腿间垂下。

在这幅肖像画中，华丽程度的表现达到了顶峰，雷诺兹采用了法国艺术家如里戈的手法，在世纪初描绘了路易十四和路易十五的华丽服饰，并将它们与凡·戴克在前一个世纪初的发明相互辉映。斗篷、帷幕和旗帜像画一样围绕着年轻的伯爵，他的黑发从一侧的肩膀上飘过，这也是对太阳王的卷发和凡·戴克的花花公子的垂发的一种暗示。然而，伯爵穿着丝绸套装，膝盖处系着吊袜带、鞋子上有玫瑰，构成完美的身体褶皱，他的衣服非常像我们之前看到的华多画中的喜剧演员所穿的衣服——极具仪式感，具有热烈的庆典氛围，画中渲染了一种强烈的舞台氛围。伯爵摆出的希腊雕像姿势，是当时英国画家经常描绘的姿势，这是画中唯一体现现代新古典主义的地方。

渲染高贵华丽是画作的总基调，它体现的是一种戏剧性艺术品的完美信念，画家以舞台表现的方式垂挂不同的织物，但这种信念随着时间的推移开始消退。约翰·佐法尼（Johann Zoffany）在 1770 年左右为迈克尔·伍德霍尔夫人（Mrs Woodhull）创作了一幅奇异服肖像（图 75），可以被认为是一种混合服饰的图像。它结合了老式的洛可可艺术和前卫的新古典主义风格，这些织物褶皱也出现在雷诺兹在 18 世纪 60 年代和 80 年代之间画的许多女性人物的身上，显然佐法尼描绘褶皱的手法也受到了这些人物的影响。

雷诺兹为女性画像发明了一种准古典

6　巴斯骑士（Knights of Bath）：巴斯骑士团是英国骑士团（the English order of chivalry）的分支。巴斯骑士团是英国最负盛名的骑士团之一，被选中加入被认为是一项巨大的荣誉。

图 76（左）
约书亚·雷诺兹 (1723—1792)，《女人的肖像画，可能是弗朗西斯·沃伦夫人》(*Portait of a Woman, Possibly Lady Frances Warren*)，1759—1760 年。布面油画，238.1 厘米 ×148.8 厘米。金贝尔艺术博物馆，沃斯堡，得克萨斯州。

主义的服装风格，远远早于世纪之交流行的新古典主义时装，尽管其中的元素与我们在法国看到的纳蒂埃创作的 18 世纪早期版本并无差异。其区别主要在于布料的质感的表现，及其一些特定含义。雷诺兹致力于所谓的“大风格”，拉斐尔和米开朗基罗都是这种风格的代表，在这种风格中，绘画材料的光泽和质地有意地服从于其高贵褶皱的庄严效果。我们可以看到，在 1759—1960 年，雷诺兹已经在弗朗西斯·沃伦夫人（Lady Frances Warren）的肖像画中表现了这种古典尊严的理念，尽管他仍然突显这个人物的披风和华丽的貂皮衬里闪耀的光泽（图 76）。但这条有图案的裙子的褶皱并不闪亮，而且这个姿势很经典，同时这条裙子也保持了提香式的风格，披在一件大袖白色衬衫上，她的发型也很时髦。画家认为，人们需要“为肖像添加一些现代细节”，而现代细节通常体现在发型上。

长久以来，佐法尼一直专注于记录真实优雅的细节，他创作了一组穿着得体的人物画，其中包括每一个褶边、纽扣和裙摆，但他的创作并没有参考任何神话故事或艺术的历史典故。他的这类作品非常成功。的确，穿着普通服装的肖像画在男女两性中一如既往地普遍存在，总是表现出与穿着奇异服装的戏剧人物有明显不同的地方，不过他们的发型往往趋于相同。与佐法尼的老客户不同，伍德霍尔夫人在这里以弗洛拉的形象出现，就像提香最初的无名模特之后的许多模特一样。在这幅画中，她的篮子里装着舞台玫瑰，头发上戴着珍珠，胸前披着薄纱，像沃伦夫人一样，穿着一件连衣裙，饰带宽松，披着斗篷；站姿也与沃伦夫人一样，斜倚在门外的台子上，双脚交叉，头发上也没有扑粉。但是，与 1760 年的沃伦夫人不同，1770 年的伍德霍尔夫人似乎仍然是洛可可的形象，更接近于 1749 年的纳蒂埃（见图 67）的形象，因为她的姿势是忸怩和僵硬的，没有表现出一种天生的古典，她的裙子和披肩的褶皱也显得生硬。我们可以透过裙子看见她的腿形，但它们缺乏雷诺兹画中沃伦夫人所呈现的轻松拖曳感，这幅画里的伍德霍尔夫人的整个身体也不够坚定——她似乎身体不舒服，没有穿裙撑和束腰。佐法尼的画作，虽然受到雷诺兹关于古典布料自然尊严的先进思想的影响，但似乎总是在回顾过去，而雷诺兹早期的画作已经表现了对世纪末的展望。然而，就像庚斯博罗在他的整个职业生涯中所追求的一样，雷诺兹也创作了时尚的肖像画，画中既无古典典故，也没有凡·戴克式的装备，但表现出对精确的追求，因此，他成了佐法尼刻意追求的榜样。

高雅的矫饰表达，对于善于潜心钻研、注重文字的佐法尼来说是如此困难，对他来说，真正的诗歌总是存在于塔夫绸褶边的规律性之中，而对雷诺兹来说，技巧的追求是最为根本的。他可以像戏剧设计师一样自由穿梭于艺术史的各个世纪，有时为凡·戴克的神话肖像画寻找提香式的素材，以便唤起欧洲人的自我意识，怀念壮美的过去，就像贝拉蒙特勋爵(Lord Bellamont)那样。更多的时候，他们试图找到一种新的方式，让那些遥远的古代的重重帷幔重新焕发生机，就像文艺复兴时期的画家们所传达的那样，带着一种永恒的高贵。有时，他在肖像或自画像中，模仿伦勃朗，使用柔和的戏剧性光线；但他常常把注意力集中在他那个时代的时尚魅力上，也许是为了展示一件袖子上有荷叶边的白色丝绸连衣裙，肩上披着一条黑色纱巾，让优雅呼之欲出。

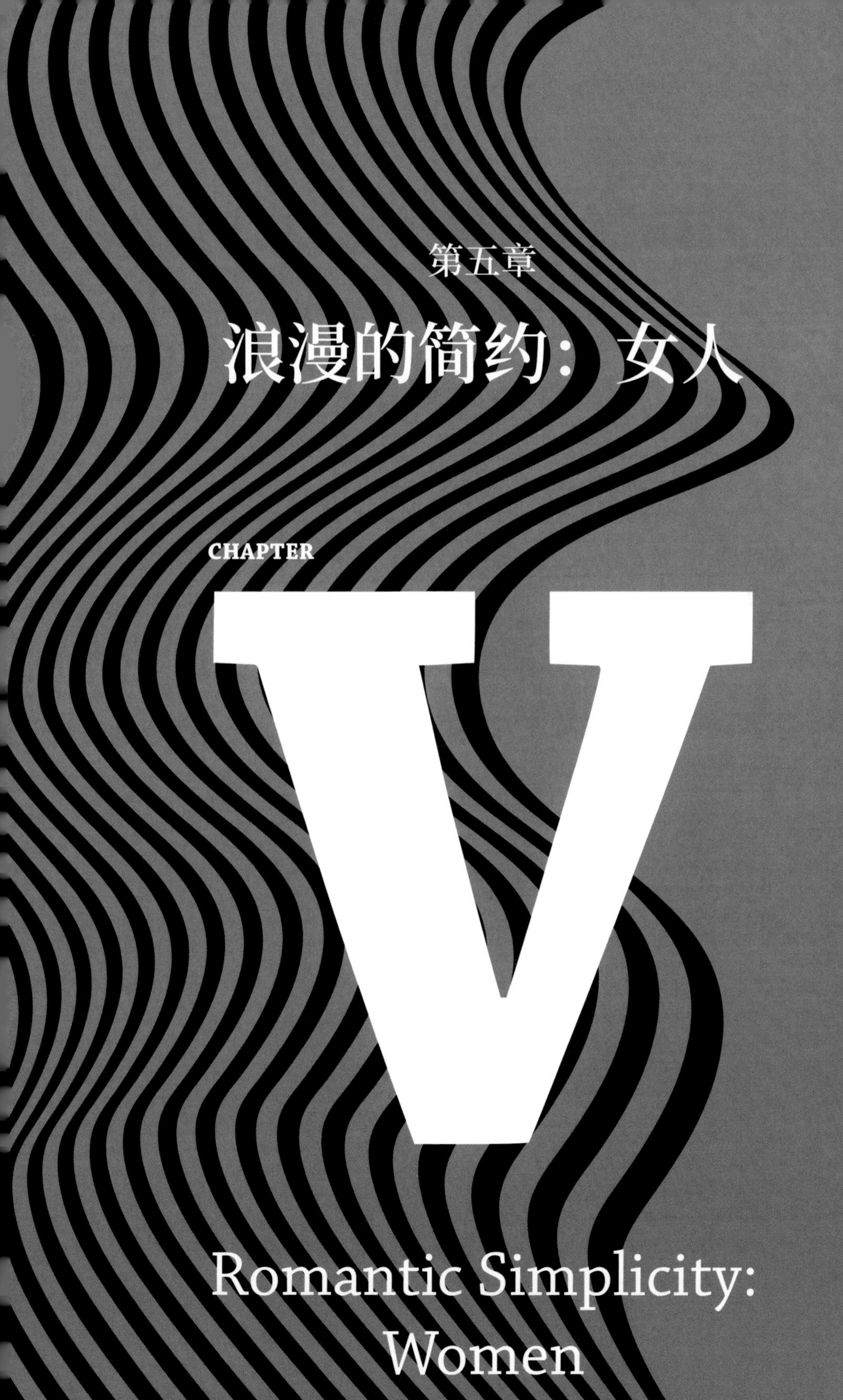

第五章

浪漫的简约：女人

CHAPTER

V

Romantic Simplicity: Women

新古典主义运动的本质是表达世俗的宏伟，在欧洲的视觉艺术和欣赏中，早在 18 世纪的中后期就有所表现，部分原因是对自 1738 年在庞贝和赫库兰尼姆出土的希腊罗马艺术作品的回应。其雕刻的图像在公众中得到广为传播，这得归功于德国艺术史学家 J.J. 温克尔曼（J. J. Winckelmann）的广泛影响，他对古希腊艺术优越性的解释于 1755 年开始发表。人们正在寻求以当下的眼光和方式来恢复古典遗产。希腊艺术被认为揭示了藏匿在世界混乱无序背后的自然真理，具有清晰之美，这不仅是一种视觉上的真理，也是一种道德上的真理。基于这样的认识，人们有必要用开明的眼光来看待熟悉的和不熟悉的古物，把它们看作是普遍自由和纯洁思想的镜子，以及自然形态的镜子。像 14 世纪早期一样，现代画家从古代雕塑中领悟了忠实于自然的正确方式，因而这些方法受到了他们的重视，他们放弃了文艺复兴盛期和后来的巴洛克阐释者所推崇的表现传统，这种传统长期盛行，极端突显画家的个人风格。

到了 1800 年，现代品位到处都在排斥文艺复兴时期的古典传统，人们认为这种古典传统追求的是高度的戏剧化色彩，而牺牲的则是忠诚。现代肖像画家正在寻求新的方法，以表现人的真诚，而非人物的社会重要性，并使用一种清晰的、更接近古代高贵作品的人物塑造的风格。对清晰线条、哑光色和稳定形式提出了新的尊重，取代了过去对光线的夸张，增强了色彩的丰富性，推崇流动的形状，边缘朦胧，功能淡化。

这种恢复古朴和美德的怀旧冲动是早期浪漫主义的一部分，不仅表现出了对消失的完美的向往，也包括对自然消失的理解，而且表现出对个人经验和个人感觉的敬畏。这种虔诚和向往与对政治和个人自由的渴望相得益彰，画家通过简化的手法，用看似自由、平等的服装来满足人们解放个人身体的渴望。事实上，时尚作为一种安全的无声媒介，经常引发社会变革，作为社会变革的公开声明和社会变革的前哨，是一种集体欲望的公开表达。我们将看到浪漫 - 新古典主义的冲动如何在绘画中对男性和女性产生了不同的影响，包括他们的实际穿着。

在 18 世纪下半叶，男性和女性的服装开始出现了巨大的差异。

女性形象，无论是在历史绘画、宗教绘画、书籍插图、时尚图样或绘画肖像中，都呈现出相似的古典风格。此外，非常值得注意的是，在雕塑作品中除了将男士的斗篷呈现为托加长袍，为肖像画设计的准古典服装只出现在女士身上——有时也出现在儿童身上——从不出现在绅士身上，正是在这个时候，女性时装出现了准古典趋势，而绅士时装显然走上了不同的发展路径。为此，我们有必要回顾 16 世纪后期以来时尚的发展方向。

在 17 世纪上半叶，男性服装变得相当宽松和灵活，并配以长发和巨大的帽子，以及宽大的包裹性斗篷，如我们在凡·戴克的作品中所看到的那样（见图 39）。正如盔甲本身已经变得既过时又仪式化一样，男子服装中的盔甲造型也在逐渐消亡。到 17 世纪末，它已经完全让位于大衣、马甲、马裤和长袜的组合，这种组合一直持续到整个 18 世纪，同时假发代替了真发，男人都戴上了长长的卷发头套。纽扣是男性服饰的特权，除了女性的骑马装外，纽扣成为男性着装的一个明显特征，大衣的前襟、袖子、口袋、马甲和马裤上都有。

然而，这种不断发展的男性服装仍然没有摆脱固有的传统认识，对男性身体所有部位必须严实包裹，除了脸和手之外，其余部分不能暴露任何皮肤。在 17 世纪初曾有过一个短暂的时期，古代风格泛滥，不过，很快，男性服装就永远失去了古代服装所拥有的悬垂性和流畅性。在 18 世纪下半叶，当男人的服装变得越来越精致，形状越来越紧凑的时候，女人的服装却变得日益宽大和松弛。女性的裙子变得更加柔软和丰满，头发梳得更高、更蓬松，头上的帽子也越来越宽大。此时，男人头上的帽子看起来要小得多，他们的假发也更小。

我们可以从庚斯博罗的双人画像（图77，约1785年）中看到，这一时期的女性比男性占据了更多的画面空间，而且看起来更高大；在这里，女士的蓬松的白裙子，通过视觉上与蓬松的白狗同化而被进一步放大。男子的大衣的袖子很紧，下摆很小，没有袖口，马甲和马裤紧贴身体，假发短而整齐。对欧洲男人来说，生活中的现代服饰再也不能像凡·戴克时代所表现的那样，在艺术作品中摆出古装的姿势，当时画像中的贵族人物上身穿的衣服是褶皱丰富的衬衫和斗篷。此时，斗篷已经消失了，衬衫在生活中和在肖像画中都是隐藏的，只有脖子和手腕处的小褶皱可能会露出来，窄肩，高袖孔，身体其他部分被牢牢遮住。

然而，当时的妇女仍然穿着某种版本的宽松连衣裙、短裙和礼服，尽管短裙和长袍最终合并成了后来的礼服，因为在16世纪，女性的束身衣逐渐变硬，显然是在模仿盔甲式的男紧身上衣。到17世纪中叶，优雅的女性服装包括外衣、礼服——低领系带式上衣，用衣撑加固，与长而宽的裙子相连——搭配衬裙。这是一条及鞋长的裙子，通常在礼服的分叉或环形裙摆下露出来，尽管有些礼服的裙摆会将其隐藏起来。袖子，曾经是长的、厚的、独立的，现在像男式紧身短上衣一样，变得更柔软，并且被缝起来了，就像男人的穿着一样，开始大胆地露出前臂。

图77（右）
托马斯·庚斯博罗，《威廉·哈莱特先生和夫人》（*Mr and Mrs William Hallett*,《晨练》），约1785年。布面油画，236.2厘米×179.1厘米。国家美术馆，伦敦。

为了满足女性对躯干形状变化的追求，紧身胸衣被缝制成一件单独的、量身定制的内衣，这种内衣可以根据款式修改，而裙了的制作也强调符合女性穿着时的身材。因此，束身衣一经出现就得到公众的认可，在17世纪晚期得到很大的改进，在接下来的200多年里，它塑造了时髦女性的腰部。它成为女性服饰的主要元素，是所有阶层人士在公众着装或节日着装时不可或缺的；它通常与某种特别长的裙摆相搭配。与此同时，对所有女人来说，宽松的、长款的、低领的衬衫在1500年里几乎没有变化，它是女性最青睐的服装，也是从古代晚期保存下来的真正服饰。

女性可以不穿加长的衬裙和僵硬的束身衣，这样礼服和宽松连衣裙看起来更加飘逸，它更接近古代的宽松风格——或者，显出东方样式的宽松，这是17世纪和18世纪为女性提供的另一种居家或花哨的服装——易于大众接受。在飘逸的长裙下有裙撑，按传统的观点，这种穿法看起来感觉更自然。在18世纪末新古典主

义的影响普遍缩小之前，这类非正式的服装一直在流行。而后，礼服被留在了衣柜里，人们在公共场合穿宽松连衣裙，而不仅仅是在床上穿。

这一切的关键在于，自 14 世纪以来，量身定做的服装一直紧紧地遮盖着男人的身体，而在那时，女性继续穿着长长的、飘逸的、有各种领口的衣服。在男人放弃了他们斗篷和披风之后，女性一如既往地在身上垂挂着各种织物，包括围巾和面纱。虽然女性穿着胸衣和阔摆裙，但她们开始裸露肩部、颈部和胸部，宽松的上衣经常露出上边缘。女性对古典穿着总是趋之若鹜，在肖像画家的笔下，看起来更是如此；当男性服装变得日益紧身，不再追求垂坠感时，女性服装的变化始终无法摆脱古典视觉的束缚。

1790 年至 1815 年期间，在优雅的肖像画中，女性服装——甚至是为肖像画而发明的垂挂式服装——逐渐失去了其早期的节日兴奋点，而呈现出一种平淡无奇的简单和苍白。严格意义上的新古典主义衣服，能够让人联想起希腊和罗马雕像上的衣服，有薄而窄的腰带，它被钉在衣服上，由于时间的推移，这些古代衣服的色彩褪去，但仍能呈现当年服饰下生动的身体信息。最近发现的庞贝壁画显示，古代的衣服往往是色彩斑斓的，但对于许多现代的肖像画来说，衣服必须是全白的，而且布料必须从肩膀到下摆紧紧包裹整个身材。狭窄的腰带当然可以系上，但只能系在胸前很高的位置，完全不同于能夹住肋骨和腰部的传统腰带。

图 78（右）
奥古斯丁・埃斯特夫 (1753—1820),《多娜・华金娜・特莱斯 - 吉隆》(*Doña Joaquina Tellez-Giron*, 1798 年，修复前)。布面油画，190 厘米 × 116 厘米。普拉多国家博物馆，马德里。

与古代不同的是，新古典主义的服装限制暴露身体的细节，除了强调乳房的饱满(这是大众可以接受的)，也许还有膝盖的突起(可能是大胆的)。有些女性希望更准确地模仿古代雕像，几乎什么都不穿，从而引发丑闻，许多当时的漫画表现出对这种新风格的淫秽看法。但对于肖像画来说，端庄是最为重要的。我们可以在不同国家的例子中看到，人们对看似简单的白色连衣裙有着普遍的冲动，也能看到将古代艺术作品中的美融入现代服饰和行为是非常困难的，让古老的美与有血有肉的现代身体相协调不是一件容易的事情。对此，肖像画家可能会牺牲对美的追求，而恪守其古典理想，他们面对着种种困难，需要寻求符合理想自然的真正艺术来协调它们。

奥古斯丁・埃斯特夫(Agustín Esteve)为多娜・华金娜・特莱斯 - 吉隆(Doña Joaquina Tellez-Giron)绘制的肖像(图 78)表明，新古典主义的帷幔成为表现古

代宽松连衣裙的一种新形式，这是一件用白色薄纱制成的低领的普通长裙。在这里，我们看到它厚厚的褶皱，一条狭窄的腰带紧紧系在乳房下面，褶皱从那里直直地下垂到前面的地板上，最后在后面形成一条小裙裾。大部分褶皱在后面的肩胛骨之间收拢，这样褶皱就会自然悬垂落在后面，以遮掩臀部，并防止穿着者在行走时被裙裾拖曳，阻碍身体向前移动。在当时，完全裸露的手臂也是不体面的，所以普通的紧身袖子覆盖了上臂，取代了老式宽身袍子的宽松的长袖子。光线照射在脸部、胸部和自然下垂的裙子上，而背景中垂下的绿色织物呈现出朦胧状。

画中暗示这位年轻的女士就像古代的少女一样自由——尽管她的身体被很好地

图 79（左）
约翰·海因里希·威廉·冯·蒂施拜因（1751—1829),《夏洛特·坎贝尔夫人》(*Lady Charlotte Campbell*)，1789—1790 年。布面油画，197.2 厘米 × 134 厘米。苏格兰国家肖像馆，爱丁堡。

遮起来了——衣撑并没有突显她的腰线和肋骨，这件衣服实际上是件内衣，它被自由地展现在观众面前，它的袖子也非常短。一袭卷发让她的头显得更大，尽管她身材丰满，但她的整套装扮唤起了她童年的自由。一圈不显眼的褶皱加厚了裙子的下缘，使其膨胀不紧贴，鞋尖就这样自然地露出来了。

画中这样的衣服，在我们看来，毫无艺术性可言，虽然其合身性和垂坠感都经过了画家的精心设计。长裙遮挡了躯干和腿部，运动的细节不为人知，而一种自然自由的理念则通过乳房的轮廓传达出来，乳房可能被新设计的胸甲（stays）托起并分开，胸甲的上面部分很短，像胸罩一样，有时（特别是在英国）它的下面部分连接腰部和臀部的地方，有一个侧面近似于圆弧形的设计端。她没有刻板的发型、强烈的色彩、配件或装饰品，这位年轻女士的形象保持着坦率和简单。她是西班牙公爵的女儿：画中唯一的道具是一个地球仪，她随意地靠在放有地球仪的小桌上，仿佛不屑于世俗。

在约翰·海因里希·威廉·冯·蒂施拜因（Johann Heinrich Wilhelm von Tischbein）于 1789—1790 年创作的夏洛特·坎贝尔夫人的肖像画中，一位苏格兰公爵的女儿被描绘得如此富于幻想，当时她大约 15 岁（图 79）。画中传递着一种古老的气息，充盈着坦率和简单，但这幅画仍然有上一代画家留下的刻意矫饰的痕迹。蒂施拜因在早些时候见过这个女孩，他说她的舞蹈动作让他想起了赫库兰尼姆出土文物中舞蹈女孩的绘画。然而，对于这幅画像，画家采用了早期版本的传统全罩衫，袖子高高地卷起，周围裹着很长的全罩巾，这样，有繁杂褶皱的衣服和围巾起到了分散视线的作用，而不是为了展示她的身材，并平息了任何运动或柔韧的感觉。她饰有玫瑰花冠的头发很现代、饱满和卷曲，与多娜·华金娜的一样；虽然她看起来像 20 年前的伍德霍尔夫人（见图

75)，但她仍然只是一个理论上的古典形象，一个活生生的现代人，与古代的形象没有任何形式上的相似之处。她还拿着类似洛可可的舞台道具、一卷音乐乐谱和一只正在啃咬小花的小鹿。

另一方面，戈特利布·席克(Gottlieb Schick) 1802 年为冯·科塔夫人(Frau von Cotta)所作的肖像画(图 80)，是一幅严肃的作品，旨在暗示实际的古典形式，而现代时尚的发展更进一步支持了这一尝试。这位夫人的长相比夏洛特夫人或多娜·华金娜的长相更古典，画中似乎没有任何轻佻的装饰，我们可以看到冯·科塔夫人的红色斗篷有流苏，脖子上有珠子，袖子和下摆上有蕾丝，她甚至穿着蝴蝶结装饰的条纹鞋，手上挽着一个小手袋。边上放着一把撑开的阳伞，绿得像一棵树。她的周围是无人居住的大自然，但她却打扮世俗，仿佛即将参加一场有趣的社交活动。尽管如此，席克基于新古典主义信念，成功地塑造了这位女性的形象。她那件未加羽毛的连衣裙不均匀地聚拢在胸口的一根拉绳上，而不是用一条袋子或衣箍将其固定，丰满感体现在她适度饱满的乳房上，强调胸部的线条，但并未显露它。她的坐姿让画家将前面的褶皱组合成一首优美的弧线交响乐，覆盖在她的躯干上，暗示了她所有的亲密魅力，一切都显得秘而不宣。

很明显，冯·科塔夫人的衣服没有使用裙撑，但她遵循了另一种现代的欧洲模式，穿着一件明显的双层连衣裙，外面的连衣裙是一件无袖、褶皱且带有拖裙，另一件是短袖连衣裙。这两件连衣裙都贴身且不太紧身，表明两者都不是内衣。她看起来有裸体感；如果她站起来走路，就会显示出她身体的精致轮廓，但不会裸露任何细节。与她心意默契的画家让她穿上白色衣服，头发有深色花饰，成为画面的主要内容，唤起对古代世界的联想，并诱使我们将现代的红色珠子、流苏披肩和蕾丝装饰视为古代细节。他可以很容易地将现代遮阳伞和女士收口小手袋——后者几乎看不见，她的手几乎是空的——融入画面中，因为所有清晰的线条和平淡的色调都为这幅画的视觉效果赋予了一种庞贝壁画的冷静和谐。

在法国，有一幅关于一个公开的色情演员的画作，这幅画采用了新古典主义理念，但表现手法完全不同。法国新古典主义的精神是狂热的、个人化的和令人不安的，正如雅克 - 路易斯·戴维在 1789 年著名的戏剧绘画中所描绘的布鲁图斯[1]的故事，他下令以叛国罪处决了自己的儿子，儿子的尸体被抬了进来 (图 81)。他的新古典主义风格贯穿始终，从背景虚化

1 布鲁图斯(Brutus)：马可斯·尤尼乌斯·布鲁图斯·凯皮欧(Marcus Junius Brutus Caepio，前 85—前 42)，晚期罗马共和国的一名元老院议员。作为一名坚定的共和派，联合部分元老参与了刺杀凯撒的行动。

图 80

戈特利布・席克（1776—1812），《威尔赫明・冯・科塔夫人》（*Frau Wilhemine von Cotta*），1802 年。布面油画，133 厘米 × 140.5 厘米。国家美术馆，斯图加特。

的宽画幅构图到家庭窗帘的常规彩饰，从椅子的设计到人物表情的描绘。左边的聚光灯聚焦在布鲁图斯痛苦的双脚上，与他身后抬来的尸体的双脚相呼应，而右边的聚光灯则更强烈地聚焦在一群受伤的女性身上。戴维展示了女性的绝望，通过帷幔的褶皱进一步刻画了人物的激动，这些帷幔爱抚地、诱人地滑动着，在悲伤中变得透明，从肩膀上滑落，夹在两腿之间和臀部下面，露出腋窝，缠住脚踝，在女人的四肢间滑动，形成迷人的悲哀的旋涡。我们可能会注意到，布鲁图斯自己富有表现

图 81（上）
雅克 - 路易斯・戴维，《处决自己儿子的布鲁图斯》(*The Lictors Bring to Brutus the Bodies of his Sons*)，1789 年。画布油画，323 厘米 × 422 厘米。巴黎卢浮宫博物馆。

图 82（右）
雅克 - 路易斯・戴维，《白衣少女的肖像》，约 1798 年。画布油画，125.5 厘米 × 95 厘米。由华盛顿国家艺术馆提供。

力的古装牢牢地包裹着他的痛苦，他的脸几乎留在阴影中。

在接下来的十年里，戴维和其他法国肖像画家给一些女性模特穿上了精心设计的古典服饰，类似于布鲁图斯家族的服饰，包括滑动的、透明的、柔软的腰带和没有袖子的衣服。但是大约在 1798 年，戴维有一幅画像，展示了一个穿着优雅的法国女人，她的形象是对布鲁图斯的历史回应，她的衣服不是完全照搬罗马服装，而是为了强调人物性感的情感效应（图 82）。这位女士的椅子与布鲁图斯的椅子相呼应，但她的衣着暗示了女人身上织物褶皱的流动美；她的衣服是古色古香的改良之作，既稳重又极具挑逗性。它既不像冯·科塔夫人的褶皱套装那么率性地无拘无束，也不像多娜·华金娜的带隐形衬裙的宽松连衣裙那样厚重，而是更加巧妙且朴实无华。

对称垂褶的透明紧身上衣展示了她的乳头和上半部分的乳房，同时将它们向上托起，肩带的设计让裁剪样式更加牢固。为了避免完全无袖，她的肩膀上缠了一圈薄薄的布料，上面装饰着流苏，让人想起从布鲁图斯妻子的肩头滑落的衣服。裙子的其他部分是不透明的，又高又窄的腰带以下部分，与多娜·华金娜的画像非常相似，但两者也有很大的不同，这幅法国肖像画刻意表现了色情诱人的意图，这是多娜·华金娜画像所不具有的。尽管两位女士的想法和性格截然不同，但她们的形象是都有时髦而凌乱的头发，没有配饰或珠宝；就像冯·科塔夫人和戴维所画的著名肖像里的雷卡米尔夫人（Mme Recamier）一样，她们两手空空，恬静闲逸。

在新古典主义女性肖像画中，展现手部的图像相当一致且令人震撼。这似乎有意打破了过去肖像画的传统，在过去的肖像画中，女性的手——我们曾在蒂施拜因画的夏洛特小姐中看到过——很少被展示为张开的、软软的、空着的，而是放在了非常特定的位置来放置或拿着特定的物

图 83（左）
让·奥古斯特·多米尼克·安格尔（1780—1867），《菲利伯特夫人》（*Mme Philibert Rivière*），1805 年。布面油画，116 厘米 ×90 厘米。卢浮宫，巴黎。

图 84（右）
路易斯·利奥波德·布瓦伊（1761—1845），《圣茹斯特夫人》（*Mme d'Aucourt de Saint Just*），约 1800 年。布面油画，56 厘米 ×46 厘米。法国里尔美术馆。

品。绘画中，手的姿势的表现千变万化，早期的人物对象可能会把一只手掌放在胸前，或者放在腰带上，或者让一只手掌贴在裙子上，或者让女士们触摸或用手指什么东西，除非她们的手真的在缝纫、阅读、戴手套、拿着扇子或手帕，或者主动触摸面部或服装。在新古典主义的背景下，这些空无一物的手似乎表现一种有意的坦率而不做作，这也许与古典雕塑中那些女性的手张开的样子有关。这位法国女士的背景，和雷卡米尔夫人一样，是平坦而光滑的，仿佛真的是一面古建筑的大理石墙壁，看似一件雕塑作品，尽管她的红围巾强化了褶皱的效果。

让·奥古斯特·多米尼克·安格尔（Jean Auguste Dominique Ingres）是戴维最著名的学生，安格尔对 1800 年左右盛行的绘画风格进行了生动的诠释，似乎在蛇形线条和光滑形状中遵循了一种布龙齐诺[2]式的私人乐趣；但他也恰当地使用了文艺复兴时期的经典形象。他 1805 年所作的菲利伯特夫人（Mme Philibert Riviere，图 83）与拉斐尔完美构图的圣母像（Madonna）和《唐娜·维拉塔》（*Donna velata*）这些都是伟大的女性肖像画，对

2　布龙齐诺（Bronzino）：阿格诺罗·布龙奇诺（Agnolo Bronzino），意大利矫饰主义画家，是佛罗伦萨大公科西莫一世的宫廷画师。为满足宫廷贵族的趣味，他的肖像往往追求艳丽、华贵的效果。他以熟练的油画技巧展现出富丽堂皇、珠光宝气的奢侈场面。

安格尔的女性肖像画产生了影响。安格尔刻画了白色织物和白色皮肤的不同纹理，在主角的服装中使用了许多曲线的垂坠，以及它们之间不断的金色和有色装饰的相互作用，用郁郁苍苍的蓝色天鹅绒褶皱支撑整个服装，看起来像天空一样自然。圣茹斯特夫人画像的背景非常暗，因此更好地强调了她面纱的透明度，她的手靠在衣服的褶皱上。

这幅画作非常丰富，体现了具有感官刺激的新古典主义思想，没有损失清晰、端庄和简单的绘画形象。和拉斐尔一样，安格尔把古典的原则强加在一件完全时尚的服装上，同时保留了仿古元素或风格。他留下了珠宝、时髦的不对称发型、时髦的羊绒披肩、紧围的胸部；结果就是让当下时尚的古怪看起来永远和谐——安格尔在他漫长的肖像画家生涯中从未失败过。在这幅权威构图的肖像画中，既没有时装插画的风格，也没有仿古的痕迹。

路易斯·利奥波德·布瓦伊（Louis Léopold Boilly）在他的同一时期的小幅女性肖像画作中极力渲染一种非常不同的法国氛围（图 84）。布瓦伊对时尚本身很感兴趣，他是最招人喜欢的时尚记录者和推动者。他不是新古典主义的空想家，不擅长理论美学的传播，也缺乏雄心与过去的巨人一争高低，但他总是急于表现那些具有性吸引力的细节。这幅肖像画反映了当时时装插画和流行印花（包括布瓦伊自己的衣着）的广泛影响，这种影响比我们迄今为止看过的任何新古典主义绘画都要明显。这是另一件白色连衣裙，一条镶着金边的红色披肩，布瓦伊乐于赞美他的女模特胸前大大的缎面蝴蝶结，翻过来的衣领扣在她的下巴下面，领口有一个丝结，眼镜挂在金链子上，她佩戴着大大的金耳环。黄褐色的长手套（其中一只被优雅地摘了下来；我们看到她瘀青的手指）和一

图 85
乔治·罗姆尼（1734—1802），《艾玛，汉密尔顿夫人》（*Emma, Lady Hamilton*），约 1786 年。布面油画，73.7 厘米 ×59.7 厘米。伦敦国家肖像画廊。

顶饰有几米长蓝丝带的草帽。她一只手抚弄着帽子，另一只手抚弄着头发，仿佛在梦幻般地凝视着画面之外的镜子。

这款双层连衣裙是一件透明的短袖外衣，外衣边缘有光滑的白色刺绣，外衣的里面是一件低领无袖紧身连衣裙，透过紧身连衣裙，我们可以看到外衣前面开口处，露出一侧腿部的形状。再加上她美丽的眼睛和薄纱下粉红色的胸部，露出来的白色膝盖和大腿构成了肖像的暗示性。这位女士站在浪漫主义的洞穴里，将她脆弱的服饰铺在巨石上，为她迷人的身材提供了迷人而荒谬的背景。这种服装与背景的不协调已经成为现代时尚摄影的标准。

布瓦伊的时尚形象表明，一些新古典主义肖像画家，尤其是英国画家，压制了时尚女性在那个时代真正使用的许多配饰。雷诺兹在 1776 年的《第七次演讲》（*Seventh Discussion*）中宣扬，时装的细节会分散视线，掩盖肖像中的真实，而布料的渲染才是真正展示艺术家天才的地方，是使肖像画作具有菲狄亚斯[3]时代那样的永恒性的关键所在。他忽略了这样一

3　菲狄亚斯（Pheidias）：雅典人，被公认为最伟大的古典雕刻家，以《雅典娜神像》和《宙斯神像》著称。

个事实，即一旦时尚遮挡了人们的视线，改变了看起来自然的时尚形象，服装褶皱也会顺应时尚而改变，这是任何画家都无法抗拒的。在肖像中，肉体和褶皱的映衬如同褶边与领结的映衬一样醒目。

在18世纪后期的英国，对古典简约的崇拜并不是革命性的，而是传承延续的，源于早期对帕拉第奥式建筑[4]的喜爱，并发展成为更精致的巴洛克和洛可可风格的替代。因此，尽管威廉·荷加斯[5]的彻底反古典主义肖像风格在20世纪中叶十分盛行，但在18世纪70年代，英国女性身穿纯白色连衣裙、带有古典色彩的简单肖像已经成为一种惯例，其中许多是雷诺兹和庚斯博罗的作品。乔治·罗姆尼(George Romney)是英国同一时期一位成功的肖像画家，他也画了类似的肖像画，最著名的是汉密尔顿夫人艾玛(Emma)，她穿着准古典主义的服装，有时会出现在社交聚会上表演她著名的“个人风格”(图85)。

图85是罗姆尼从1782年到1786年为艾玛画的几幅肖像画之一，展示了时髦的蓬松头发和苍白的垂褶织物，布局有点像蒂施拜因的人物画，没有真正模仿古典艺术，只是没有使用明亮的色彩或装饰，也没有使用大量不闪亮的褶皱。她的双手虽然是空的，却摆出一种自负美人的顾影自怜姿势；身着短腰短袖的白色连衣裙，不久之后这种裙子得以真正流行起来。这幅画比蒂施拜因的画，以及雷诺兹和庚斯博罗的任何画像都要浪漫，给人一种狂热和幻想的感觉，对此，我们将在罗姆尼的画以及威廉·布莱克和亨利·富塞利(Henry Fuseli)的寓言或传奇场景绘画中看到更多的例子。画中人转头凝视，肩膀耸立和不对称的头巾给这幅肖像增添了一种叙事的味道，更多的是浪漫主义的不安，而不是古典主义的平稳。

弗斐拉克曼[6]等人在他们的画作中，始终刻意制作一些古典主题的图画，使用精心准确的古代服饰，与此同时，威廉·布莱克和亨利·富塞利等画家却另辟蹊径，尤其是以米开朗基罗高度扭曲的、色情化的古代裸体形象为榜样，以他们自己特立独行的风格添加新的服装描绘方法。这些作品本身是感性的和有远见的，不依赖古代的细节，而且经常暗示着文艺复兴或中世纪的古老穿着。

约翰·布朗(John Brown)大约在1780年创作了《家族成员：一起飞向埃及

4　帕拉第奥式建筑（Palladian architecture）：是一种欧洲风格的建筑。建筑师安德烈亚·帕拉第奥（1508—1580）为此风格的代表。此名“帕拉第奥”常指受帕拉第奥本身建筑所激励的风格。现代的帕拉第奥式风格是原始风格的进化。帕拉第奥式建筑主要推崇古罗马和希腊的传统建筑的对称思想和价值。

5　威廉·荷加斯（William Hogarth，1697—1764）：英国画家，代表作品有《妓女生涯》《时髦婚姻》等。

6　约翰·斐拉克曼（John Flaxman，1755—1826）：英国著名雕塑家和插图画家。

的其他人》(*Family Group*，*The Rest on the Flight into Egypt*，图 86)，展示了比大多数新古典主义褶皱更简单的布料，更让人联想到 14 世纪，尽管圣母的椅子是古典的。通过曲线的延伸和对形状的抽象化，布朗为这个不起眼的主题增添了神秘色彩。他没有遮掩圣母的背部，而是露出了它，在她的上半身裹上了一件像皮肤一样的紧身上衣。罗姆尼在 1786 年的素描《大自然向襁褓中的莎士比亚展示自己》(*Nature Unveiling Herself to the Infant Shakespeare*，图 87) 中，用浓墨重彩的笔触创造了一个寓言式的画面，幕布落下，包裹着，充满活力。在两幅画中穿着衣服的女性形象上，你可以看到新古典主义裙装的高腰、雕刻般的上衣和长长的裙子——在罗姆尼的作品中，甚至可以看到短袖。

亨利·富塞利对米开朗基罗充满崇敬

图 86（上）
约翰·布朗（1752—1787），《家族成员：一起飞向埃及的其他人》，约 1780 年。灰色笔墨，25.4 厘米 × 18 厘米。伦敦皇家艺术学院。

图 87（左）
乔治·罗姆尼，《大自然向襁褓中的莎士比亚展示自己》，1786 年。纸上水墨和石墨，25.5 厘米 × 26 厘米。沃克艺术馆，利物浦。

之心，曾在意大利学习米开朗基罗的作品，他还受到约翰·布朗的影响，我们在这里看到的约翰·布朗的画作可能是他所拥有的。他的风格表现了强烈的浪漫主义，即使在模仿古典模特时，也总是在人物的形状和姿势上呈现某种暗示性的强调。他 1803 年的画作《忒提斯向赫菲斯托斯要武器给阿喀琉斯》(*Thetis Asking Hephaestus for Arms for Achilles*，图 88)，描绘了《伊利亚特》(*Iliad*，XVIII, 18,410ff.) 中的一个场景。在这幅画中，我们可以看到两个时尚的女性形象，她们有着夸张的、丰满的脖子和长长的手臂，穿着时髦的短袖长袍，梳着时髦的发型，而一瘸一拐的铁匠之神赫菲斯托斯 (Hephaestus) 和他的随从侍女们都穿着传奇的长袍，从后面步出。

威廉·布莱克那幅伟大的水彩画，

图 88
亨利·富塞利（1741—1825），《忒提斯向赫菲斯托斯要武器给阿喀琉斯》，1803 年。布面油画，91 厘米 ×71 厘米。苏黎世艺术馆。

描绘了炼狱的高潮，即但丁的《神曲》(*Divine Comedy*)第二部(图 89)。画中可以看出画家借用了米开朗基罗所表现的神话，很好地体现了身体与服装之间的关系——西斯廷天花板上的一个例子是先知约拿(Prophet Jonah)，他的上半身似乎穿着彩绘皮肤。我们看到蓬托尔莫在他的《基督的供词》(见图 27)中也使用了这一主题，而约翰·布朗则在圣母的衣服上使用了这一主题。在西斯廷天花板的其他地方，米开朗基罗多次展示上帝穿着一件长袖紧身衣，衣服看起来就像长在他身上一样，只有胸部以下有罕见的波纹，他的下半身披着旋转的包裹。布莱克给但丁笔下的人物穿上的正是这种皮肤般的衣服，表示他们在人间天堂的相遇。

但丁说，不朽的贝雅特丽齐[7]在她的麒麟车上穿着火焰颜色的衣服，披着绿色的斗篷，戴着白色的面纱，冠以橄榄花环。在布莱克的水彩画中，斗篷和面纱遮住了她的裸体，她的身上披着闪烁的红色波纹，像是光环一样从她的皮肤里长出来，覆盖和不覆盖的区别很小。这似乎表达了布莱克从米开朗基罗那里借来的古典

7　贝雅特丽齐（Beatrice）:《神曲》中的重要出场人物之一，甚至可以说但丁是为了贝雅特丽齐而写的《神曲》。在但丁的一生中，她有着十分重要的意义。她曾经是但丁的恋人，但丁对她的爱是一种精神上的爱情。

图 89（左）
威廉·布莱克（1757—1827），《在车上对但丁讲话》（*Beatrice Addressing Dante from the Car*），约 1824—1827 年。纸上笔墨和水彩，37.2 × 57.2 厘米。泰特，伦敦。

主义视觉理念，适合但丁的这一时刻，尽管他把它用于许多梦幻的画面：当我们不是回到古典的黄金时代，而是回到创世纪后的伊甸园，那么衣服就是身体的一部分，就像皮肤一样自然。那时我们处于永远不堕落的状态，穿上衣服，没有任何事先的裸体经验，也不需要任何可耻的无花果叶子。

贝雅特丽齐身边的绿色、红色和白色寓言女性都有一件类似衣服，似乎是由她们的身体产生的，不确定的裙子既不隐藏也不显露她们的腿和脚，有一种超越任何真实事物的特质，形成一种超自然依附。但丁仔细地描述了贝雅特丽齐的身体只穿着彩色的衣服，告诉我们这些人物的身体是绿的、红的、白的，而不是衣服，所以布莱克用他标准的不可言喻的非服装方式解决了裸体问题。右边凡人但丁所穿的长袖长袍是真实的中世纪风格，笔直下垂，遮住了他的腿和脚。我们只看到一条腿的弯曲，就像乔托或达迪的作品一样。

我们可能会注意到，这个男性形象，就像布朗的约瑟夫和戴维的布鲁图斯以及富塞利的赫菲斯托斯一样，所穿的传奇服装与艺术家们自己时代的男性着装完全不同，而所有有远见的女士服装，如布鲁图斯女性亲属身上的罗马装，确实与 1800 年的贴身女装有一些相似之处。那时候的女性服饰在新古典主义的、暴露身材的简约中内置了一种类似服装的浪漫主义，一种怀旧甚至原始的特征——因为它是以古代的转变为基础的——这对画家来说很容易在各种风格和流派中宣传其吸引力。现实生活中的男性服饰，除了真正的舞会盛装之外，并没有发展出这样一种浪漫主义的、新古典主义的怀旧服饰的维度来与女性的服饰相匹配。因此，在远景或传奇的场景中，画家不得不让男性穿上插图版传奇服饰，而女性可以穿上已经传奇化的现代时尚版服饰；然后整个画面就会显得古色古香。实际上，这些衣服与现实生活中的真实衣服看起来完全不同。

梅雷迪斯·弗兰普顿（Meredith Frampton）1935 年创作的《一个年轻女人的肖像》（*Portrait of a Young Woman*，图 90），展示了新古典主义褶皱持久的美学活力和女性魅力。这幅画创作时，新古典主义原则正在广泛地影响着许多现代艺术、设计、音乐和建筑。对于这幅肖像画来说，对古代的怀念已经扩大到包括对绘画史上几个黄金时代的怀念。

19
MF
35

图 90（左）
梅雷迪思·弗兰普顿（1894—1984），《一个年轻女人的肖像》，1935 年。
布面油画，205.7 厘米 ×107.9 厘米。
泰特美术馆，伦敦。

一种秩序的观念支配着这幅画；任何东西都不被允许显得随意，必须保持与秩序、清晰和象征相关的艺术传统。它具有充满活力的静止，具有安格尔式的丰富性，地板和大提琴让人联想到维米尔，地板的倾斜让人联想到凡·艾克。花瓶里的叶子、卷轴的曲谱让人想起意大利的文艺复兴。大理石台面的桌子，灯光在主角脸上的光影，以及她光滑亮丽的头发，都让人联想到拉斐尔前派的风格。白色的柱子被切掉，放着书籍和乐谱，这代表古典建筑持久盛行的简约。画中的人物，穿着简单的白衣，体现了现代新古典主义女性的形象。她是新的理想女性，她的身体功能健全，不仅如此，她还非常性感。这幅画暗示了她生活在自己的身体中，从而获得了快乐，而不是通过别人观看自己的身体而获得快乐。

就像之前的新古典主义女性一样，这个女士的双手也空空如也。画中大提琴很突出，加上琴弓和乐谱的呈现，表明她是一个活跃的音乐家；但她的手和手臂只传达出有意识的女性气质，一只手触碰另一只手的前臂，收折的手臂让她的手看上去像是花梗上的花朵。就像戴维画中模特穿的那件衣服一样，这件带有褶皱的上衣也是对称的，覆盖着上臂，但上衣没有凸显她的胸部。她的斜裁裙完全是现代的，重点是突出她平坦的骨盆。只有当我们看到那里，而不是胸部时，我们才会相信她的裙子里面什么都没穿，这是一种古老的时尚。在平坦的腹部两侧是引人注目的髋骨，丝绸非常光滑，我们可以看到褶皱开始有节奏地慢慢向下延展。她穿着鞋站得笔直，裙子的下摆水平垂落，褶皱纹理清楚。自我爱抚的手臂让我们联想到她对衣服的感觉，我们似乎可以想象她走路时裙子在她周围摆动的感觉。她自立自信，艺术感十足，有古典气息，表情克制，反应敏锐，准备充分，就像一个白衣现代舞者。

这幅画里没有任何附带的帷幔。总的来说，我们在新古典主义女性肖像画中没有看到过不属于主角服装的褶皱，除了多娜·华金娜的后面有暗绿色帘子，这是早期习俗遗留的痕迹。很明显，人们不再相信泛滥的褶皱之美能提升女性的美丽，不再相信褶皱之美能彰显女性的性感、神性、高贵或富有，也不再认为戏剧化的矫饰对塑造人物的外表具有积极意义。当它们真的出现时，新古典主义的肖像画和同时期的历史绘画中所依附的悬垂织物表明，画家们对 15 世纪的真实性原则有了新的坚守。织物可以像在现实中的真实物品一样，被悬挂起来，用作家庭窗帘或用来遮蔽拱门，或者像戴维的布鲁图斯那样用两个柱廊组成一个房间，用实实在在的固定装置将其固定。

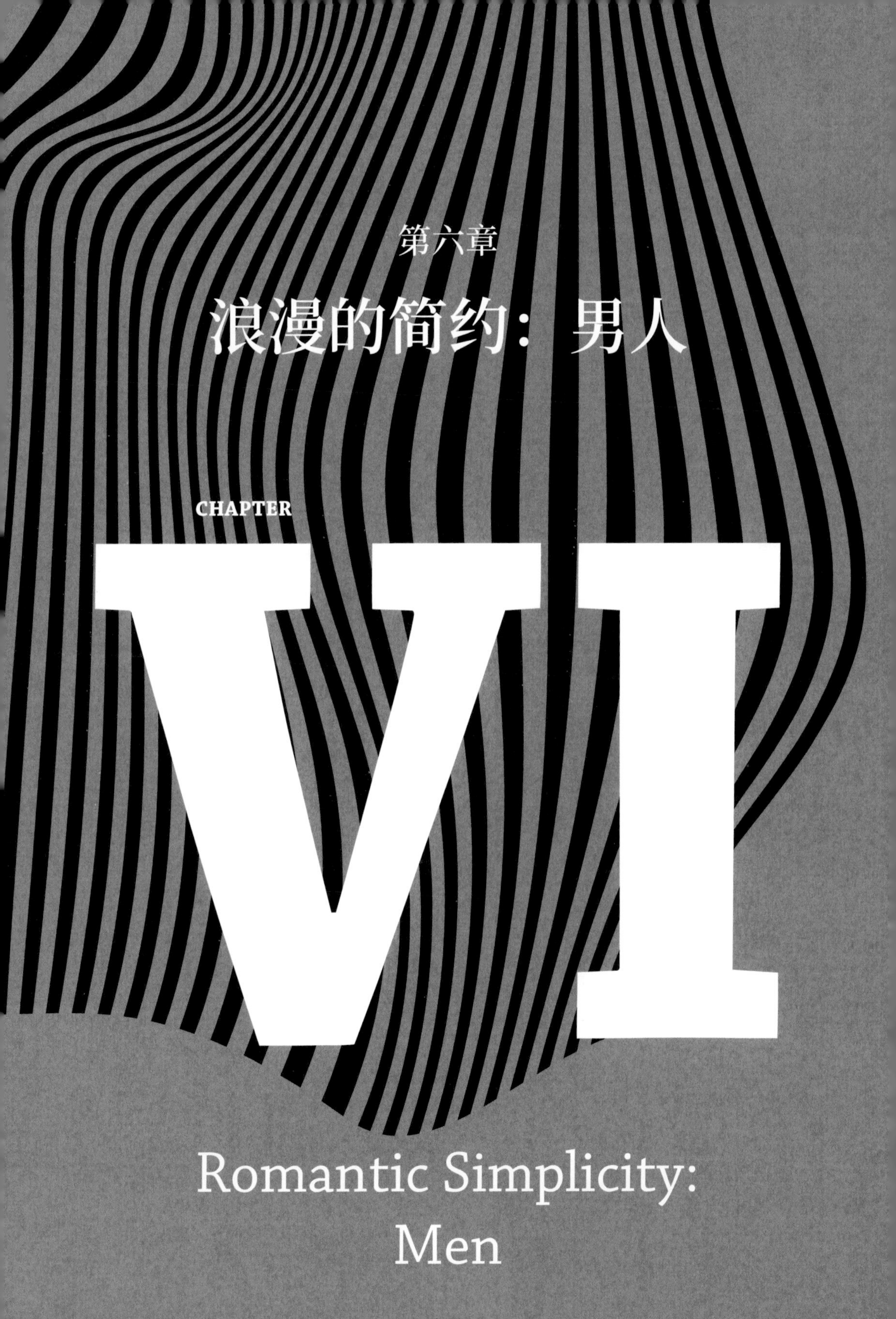

第六章

浪漫的简约：男人

CHAPTER

VI

Romantic Simplicity: Men

在上一章，我们看到在戴维、富塞利、布莱克、布朗和罗姆尼的历史人物绘画和其他插图中，女性总是穿着与新古典主义肖像画中的服装不一样的紧身衣，而男性则穿着纯粹的传奇长袍和斗篷。然而其他新古典主义画家对希腊和罗马英雄场景的描绘，重点在于展现男子的裸体，就像古希腊雕像那样，或许仅戴着斗篷或披风。但我们也注意到，现实生活中的男性服饰几个世纪以来一直强调突出男性身体的各个部分，并将其完全覆盖。罗马人在古代晚期所穿的长袍和斗篷在现实生活中已逐渐成为祭司或仪式的象征。与此同时，公共场合的男性裸体——除了洗浴场景外——只能在纯粹的图像和雕塑形象中出现。

除了在古典化的肖像雕塑作品中，生活在1800年的男人，永远不可能再身着真正的古典服装——披着托加袍、长袍，或（古希腊、古罗马时期的长及膝）短袍，露出腿部、手臂和胸部——因为在几个世纪的欧洲习俗中，这些服装的特征已经变得女性化了。自14世纪以来，所有阶层的女性的服装都允许暴露颈部和胸部，到了17世纪初，肩部和下臂也允许暴露，到了18世纪中期，脚踝的暴露已经习以为常。女性一直穿着外衣、长袍和斗篷，她们的双腿从未被裤装分开遮蔽。在19

世纪初，我们已经看到，女性重新设计了她们的发型，改造她们的内衣，用没有表面装饰的薄布衣料制作她们的长袍和斗篷，轻而易举地重新塑造了新古典主义风格。

我们也看到，到了18世纪80年代，绅士们的西装变得非常简约——或者至少在一幅非正式的英国肖像画中，与女士的衣服相比，男人的穿着显得很简约（见图77）。现在我们可以将哈莱特先生（Mr Hallett）的紧身黑衣与威廉·荷加斯（William Hogarth）1741年为未来的德文郡第四公爵（the future 4th Duke of Devonshire）绘制的肖像画中所穿的热情洋溢的服装进行对比，后者色彩淡雅，有许多褶皱，边缘有厚重的装饰，胸前敞开，看似衣着膨胀（图91）。公爵的上衣没有领子，肩膀很窄，没有衬垫，并不合身——衣服的设计是为了强调其表面，而不是其形状。金色的刺绣包裹着他的金色纽扣和扣眼，大衣的内衬很夸张，马甲是多种颜色的锦缎，画像展示了公爵挺起的肚子，以增加正面的光亮。在右下角，画家还对他的深色金边袖口给予了关注。

与这种宫廷式洛可可形象形成鲜明对比的是亨利·雷本（Henry Raeburn）在18世纪80年代中期创作的詹姆斯·哈顿（James Hutton）肖像（图92）。这是一幅非正式的男性肖像画，严肃冷静的视角似

图91（上）
威廉·荷加斯（1697—1764），《威廉·卡文迪许·哈廷顿侯爵》（*William Cavendish, Marquess of Hartington*），后为《德文郡第四公爵》（*later 4th Duke of Devonshire*），1741年。布面油画，75.9厘米×63.5厘米。耶鲁大学英国艺术中心，保罗·梅隆收藏。

图92（下）
亨利·雷本（1756—1823），《詹姆斯·哈顿》（*James Hutton*），约1785年。布面油画，125.1厘米×104.8厘米。苏格兰国家肖像馆，爱丁堡。

乎预示着男性服装的未来趋势。画中是未加修饰的三件套西装，面料采用昏暗的无光泽羊毛织物，颈部、腹部和手腕处有一抹白色，画中人物穿着它，神态淡定，头发光滑自然，表情沉思，画像阐述了一种新的绅士理想。我们会发现19世纪这种理想就得以实现，并持续了整个20世纪。

在18世纪的最后几十年里，男人们迫切需要优雅的转变，需要一种方法来重新装扮他们的身体，而不至于让他们流于浮夸，也需要一些东西来让他们在视觉上适应新的政治和社会气候，他们的确需要一种新古典主义的审美方案。这个方案要求拥有坦率和简约的特质，表明对开明的政治、自然美德和个人感觉的尊重，而不是对那些过去流行的，表示等级优势的外在华丽的顺从。这与深袖口丝质大衣、刺绣马甲和过膝马裤是完全不同的，它们是由带衬垫的文艺复兴时期紧身短上衣、皮革马甲和特别紧的男士紧身裤演变而来的——通常与蕾丝颈饰、缎制的鞋扣和羽毛帽一起穿着——男士的优雅服装逐渐被重新构思，孕育着现代西装雏形。这些衣服满足了衔接和全面覆盖的要求，它们看起来与传统的衣服有很大不同。

这是一次新的潮流，他们不是以贵族盔甲为蓝本，而是结合了工人的装束、法国大革命时期的街头服饰，以及英国绅士在乡下穿的羊毛大衣和黑帽，配以皮靴和普通亚麻布。对于优越的现代人来说，柔和的色彩、朴素的面料、简约的剪裁、整齐而灵活的合身性，取代了早期精心设计的刺绣装饰和闪亮的丝绸褶皱。这是一种裸露，一种剥落，一种澄清，一种现代化。为了加强这一理念，涂脂抹粉的头发和卷曲的假发让位于自然的头发，适当长度的头发使头和耳朵露出真实形状，此外还巧妙地让人联想到古代的半身像和雕像。

一些变化在18世纪80年代就已经出现，我们在哈莱特先生的黑色天鹅绒套装和哈顿先生的哑光羊毛套装中都看到过类似的单色和时尚的贴身设计。这两种新元素已经表现出某种冲动，要模仿古典裸体男性形象的形式统一，而在那个世纪上半叶盛行的各种宽大的、色彩丰富的大衣和马甲完全使人们失去了这种联想：这些服装下似乎罩着一个所谓的理想身体，长而圆的躯干，狭窄的胸，宽大的臀，短短的腿。

要想让朴素的男性风格成为人们新的向往，首先需要提高男性衣着朴素的审美观，以确立其与奴性或粗俗的距离：这就需要在艺术中使其浪漫化。哈顿先生的朴素的画像并没有因为他的朴素而显得特别有吸引力，而荷加斯却让镀金的公爵成为一种视觉享受。艺术家们必须创造一种新的引人注目的视觉质量，以增强男性外观新的简约模式。

这种新的简约模式在现实生活中已经被著名的博・布鲁梅尔[1]浪漫化了，他作为世纪之交伦敦社会的花花公子，以完美的服饰和身材而闻名，同时他有许多关于时尚的名言警句流传广泛——例如，“穿得好就是不被人注意”。更重要的是，世间流传着众多关于他的逸闻趣事，讲述他如何保持完美的身材，以及保持亚麻布的清洁，他还对如何制作这些简约服装，包括手套、靴子等进行了说明，还能计算出这些制作所需的工匠，以及如何促使劳工和匠人实现完美配合。在布鲁梅尔的作品中，有一种新古典主义主题的浪漫化和色情化趋势，它强调亚麻布褶皱的纯洁性及其排列的清晰性，强调身体的美感，强调保持人物及其四肢的线条流畅。它暗示了从穿衣的男性形态中创造出古典裸体雕塑的美感，通过裁剪和修饰来完成。

英国乡村服装在18世纪60年代乔治・斯塔布斯[2]的画作中以其原始的、无形状的形式被描绘出来，他表现了在田野里带着狗和马的人，穿着完全非浪漫主义的普通服装。到了1800年，这种服装被重新塑造，仿佛给浪漫主义的新古典主义雕像披上了一件新衣服，一个适合在城市中出现的雕像，自然成为人们推崇的最高标准，披着衣服的身体之下有一个原始亚

1 博・布鲁梅尔（Beau Brummell，1778—1840）：19世纪英国绅士的典型代表，当今文化名人的先驱，以时髦服装和举止闻名。

2 乔治・斯塔布斯（George Stubbs，1724—1806）：英国浪漫主义画家，以画马而闻名。

当，一个田园牧歌式的裸体。在对贵族乡间别墅的多次长期访问中，布鲁梅尔从不掩饰他对运动、马厩、马匹、训练、狩猎、射击，以及任何可能涉及污垢和污秽的事物的厌恶。他的穿着基本上是为了适应这些活动，但他更希望自己成为客厅里的一尊雕像。

布鲁梅尔没有留下任何关于自己的肖像画，很难想象他是如何穿着平整而简约的外套的。目前留下的只有一些模糊的印刷品，在这些印刷品中，他看起来很普通，其打扮（肯定是假的）是他所喜欢的样子。但浪漫主义 - 新古典主义的理想从1800 年后的十年开始频繁出现在男人的画像中，并一直持续到 19 世纪 30 年代。布鲁梅尔式的着装方案成为国际性典范，被欧洲肖像画家视为浪漫主义男性形象的一部分，达到了优雅的最高水平，根据对古典男性形象的新认识，新古典主义理论认为这才是真正的自然形象。

男人的肖像和女人的肖像一样，背景中总是有自然风景，但现在画中的户外环境变得更加普遍，更多的是作为人物周围的环境而不仅仅是背景。此外，还出现了一种新的手法，即使用空旷和近景作为背景，产生某种模糊的虚无，观众可以在其中投射出意义和感觉，摒弃了长期以来使用帷幔褶皱和建筑环境的艺术手法，以此来突显画中人物的重要性，也以此作为画家本人艺术诚信的标志。我们在上一章中看到了这样的背景，它暗示着一位披着斗篷的像雕像一样的女士身后有一堵大理石墙（见图 82），我们可以看到哈顿先生身后也有同样的背景，也许暗示着冷静的思考和无拘无束的判断。

这幅画中的男主人翁与我们在上一章看到的女性肖像画中的女主人翁是一对伴侣（见图 84），画家路易斯・利奥波德・布瓦伊使男性主体身上所体现的现代裁缝的简约成分与风景很好地融合在一起（图 93）。他用白色和黑色点缀的一系列温暖的自然色调，与室外背景的类似光线形成对比。画中人物甚至表现出与自然的互动，修剪着他刚刚锯下的树枝，这是一个短暂休息的瞬间，他正在给刚刚建成的粗糙的木桥制作栏杆。我们相信这些都是他的土地，在这样的环境里干活，他很愉快。他的乡村服装，无瑕的亚麻布看起来很舒服，也很合适，既适合公众场合，也适合体力劳动。

这里没有精致的配饰、诱人的自恋，也没有岩石洞穴和薄纱裙之间的不和谐，

图 93
路易斯・利奥波德・布瓦伊，《圣贾斯特的奥库尔先生》（*M. d'Aucourt de Saint Just*），约 1800 年。布面油画，56 厘米 ×46 厘米。里尔美术博物馆，法国。

那种不和谐使得布瓦伊的女模特看起来像梦中的幻影，或者是舞台上的表演者。这位女士凝视着远方，就像贝拉蒙第一伯爵（见图 74）一样，羽翼下是凝视远方的目光，而这个乡村男人却直视着我们。我们一定会注意到，时尚女性仍然保持着戏剧精神，她们曾经与衣着华丽的男性一样，都有作为幻想化身的意识。优雅的男人们现在似乎放弃了明显的矫揉造作的外观，而选择了理论上的诚实，他们的穿着在这里被公认为是普通乡村理想化的风度翩翩，画中的人物不仅拿着适当的工具进行辛苦的劳作，还必须做得有模有样。

这种理想化强调了衣服下的身体，对此，斯塔布斯的原始版本并未进行特别强调；这位画家却鼓励这种效果。他的画暗示我们，以前扣在腹部圆顶上的马甲是如何一直扣到裆部的两点，现在变得更短了，直接穿过凸起的腰线，似乎拉长了腿。腿上穿着光滑、苍白的马裤，对此，画家能够突出以前被长马甲掩盖的生殖器部位，并使画中人物在平整、紧身的马靴的衬托下，呈现一个准裸体的外观。

乡村大衣，曾经是一种宽松的衣服，领子松软，前面有高腰线，显示出清晰的拱形，在肋骨周围收身，并扣上纽扣，但在看起来更宽的胸部上横向打开，它的肩部现在加了垫子，相对其长度，大衣看起来更宽大。它的黑色被用来勾勒出人物修长的身材，整齐的大衣下摆笔直地落在后面，让身体的垂直线条不被任何可能扩大臀部的向外摆动所干扰。此时的大衣领子被塑造成僵硬的廓形，在马甲敞开的领子下面升起并打开，两个领子都向外展开，露出白色领巾的完美雕塑结和谨慎的褶皱衬衫边。衬衫领子上面裹着领巾，形成了一个高高的白色基座，衬托着上面那张坦率的脸庞，头发蓬松。右边那张简陋的椅子上放着绅士优雅的帽子，帽子前面放着工具：锤子、锯子和钉子箱。

大约 15 年后，在 1815 年，安格尔画了一件同样的服装，描绘更精细，场景变为室内了。画中的大衣，增加了另一层开口的衣领，紧身的麂皮裤让性感的展示更具戏剧性，腰间悬挂着装饰印章，大衣塑造出赫拉克勒斯[3]式的古典肩膀（图 94）。大衣是敞开的，绅士的整个身材都展现在眼前，去掉了明亮的大衣扣子，突显出人物的雕塑感。帽子和手套都在手边，人物身边有一张桌子，上面铺着一块异国情调的织物，织物垂下盖住了整张桌子。

在安格尔的画中，肖像男子的身后是一面空墙，就像我们在哈顿先生身后看到的那样，尽管现在的距离允许我们看到墙裙。在古典时期，画面的背景是通过线脚（用于檐口、门楣等的凹凸带形装饰）和窗

3　赫拉克勒斯（Herculean）：古希腊神话中的最伟大的英雄，一位半神。在现今的时代，赫拉克勒斯一词已经成为大力士和壮汉的同义词。

帘的组合来实现的。我们还可以看到，古典裸体英雄的理想化形象，在现实生活中是不可能出现的，它是由剪裁得当的羊毛布料、紧身皮革和牛皮——所有未经加工的纹理，如人的皮肤——的巧妙塑造勾勒出来的。穿着衣服的男人获得了一种新的身体美感，与《荷马史诗》中的肌肉发达的肩膀、瘦削的腰身和长腿相呼应。

到了19世纪20年代，现代男性套装进一步发展，在不加修饰的合身羊毛大衣下面增加了整齐的羊毛长裤，以平衡管状袖子和管状裤腿。裤子是最后一个，也是最让人激动的衣饰元素，它形成了现代西装，它源于普通海员和殖民地种植园的奴隶劳工以及法国大革命时期凶猛的无产阶级所穿的粗糙和宽松的棉质裤子。实际上，在非正式的情况下，种植园主和船舶员工早就采用了这种裤子装束，以便在炎热的气候下工作时感到舒适和轻松——它们在优雅的圈子里，开始时是非常随意的私人穿着。长裤最初的内涵是卑微的、陌生的或可怕的，但当它们成为现代时尚的一部

图94
让·奥古斯特·多米尼克·安格尔（1780—1867），《约瑟夫·安托万·德·诺根特》(*Joseph-Antoine de Nogent*)，1815年。木板油画，47厘米×33.3厘米。哈佛艺术博物馆/福格博物馆。

分，它们加强了现代西装的吸引力。

早期的浪漫主义和新古典主义的男性服饰主张，将没有艺术性的乡村服装重新剪裁，打造男人新的阿波罗形象，经过不断同质化，最终创造出长款套装形式的高级浪漫主义版本。欧仁·德拉克洛瓦（Eugène Delacroix）在1826年为21岁的路易斯·奥古斯特·施韦特（Louis Auguste Schwiter）绘制了一幅站立肖像（图95），提供了一个美丽的例子，即男性古典形象通过衣服而不是裸体得以表现。这个年轻人的理想身材是画家用柔软的黑色套装雕刻出来的，他的肩膀因垫肩显得更加丰满，他的脖子因立领显得更加结实，他的腹部因合身的上衣和马甲的曲线显得更加丰满，他的腿部因黑色造型的裤子显得更加修长。德拉克洛瓦以一种博伊利和安格尔式的严格男性形象中所没有的爱抚和温柔描绘了这个人物，他展示了画家对男性服装的想象力是如何扩展到更广泛的情感暗示的。

这是一个浪漫的巴黎花花公子，而不是一个浪漫的乡绅，他的眼神闪烁着戒备，身上的阴郁感隐隐约约。他没穿水手裤和长筒靴，这些可能与他完美的身材更为匹配。他身处户外，但没有与大自然互动，他站在散落着树叶和鲜花的石台上，我们可以设想，他正在眺望一扇高窗，室内尽显奢华——他在等待谁？他穿着晚礼服，柔软的头发被自然的微风吹起，脚上穿着去舞厅的鞋。在他身后是通往公园的台阶——甚至还有远处的山峰映衬着光影斑斓的天空。这是一幅巴尔扎克式（Balzacian）的画面，由敏锐的社会观察力构成，并注入了神秘感和性欲的色彩。

男爵的晚装完全是黑色的，这是稍晚时期才时兴的创新，包括布鲁梅尔发明的黑色长裤。在19世纪的第二个十年里，过膝马裤一直是礼服大衣的必备品，而且当时许多礼服套装仍然是彩色的。德拉克洛瓦展示了男爵晚间的黑色服装，产生了新的情感共鸣，开启了黑色服装的浪漫主义风格，自此以后，这种风格以持久的韧性影响着所有的男女时尚。对此，德拉克洛瓦作画以示庆祝，纪念他所预示的各种版本的《墓地里的哈姆雷特和霍拉旭》（*Hamlet and Horatio in the Graveyard*），特别是那幅藏于卢浮宫的版本，即1839年创作的那幅，其中的黑衣丹麦人更是酷似男爵。

图95（右）
费迪南·维克多·欧仁·德拉克洛瓦（Ferdinand Victor Eugène Delacroix，1798—1863），《路易·奥古斯特·施韦特》（*Louis-Auguste Schwiter*），1826—1830年。布面油画，217.8厘米×143.5厘米。国家美术馆，伦敦。

自从史前时代发明快速黑色染料以来，黑色服装就一直流传，但它的象征意义和心理效果在社会上有很大的不同。其中一些变化被伟大的欧洲肖像画家——梅姆林、霍尔拜因和哈尔斯[4]、布龙齐诺、提香和委拉斯贵兹 (Velázquez)——以及激发了几代历史画家的诗人、剧作家和小说家所阐释。始于 15 世纪的黑色肖像画传统从此形成，画家们可以暗合早期的杰作，或故意与之背道而驰，以新的方式呈现任何当前流行的黑色——无论哪种方式，其效果都是促进黑色时尚的延续。浪漫主义画家在画自己或其他画家的时候，经常大量使用黑色，卢浮宫收藏的盖里科著名的《艺术家在工作室》(*Artist in his Studio*)就是最好的明证。

安格尔的学生亨利·莱曼(Henri Lehmann) 于 1839 年在罗马为钢琴家弗朗茨·李斯特 (Franz Liszt) 画了四分之三长的肖像画(图 96)。我们可以看到，莱曼对线条和光线的戏剧性运用，使男性剪裁的形象比安格尔澄清的情色主义有更彻底的浪漫化。这里的环境也仅有一面平整、单薄、空心的内墙，内墙装有古典镶板、壁板，转角的线条清晰可见。没有任何有意义的物体，没有任何支持性的家具，没有在人物身后设置开放的空间。作为唯一靠着这面冷墙的物体，李斯特穿着黑色的双排扣连衣大衣，衣领紧扣，轮廓显得非常醒目，大衣有封闭的天鹅绒领口和翻开的袖口——我们甚至看到了两个黑色纽扣的精致轮廓，一个在胸前，一个在腰后，我们注意到他的直发刚好垂落在领口——画中隐约可见布龙齐诺的全身黑衣和溜肩青年的影子。

李斯特面色严肃，头转向观众，光线照在他的半边脸庞和美丽的手指上，指甲在他黑色上臂的衬托下闪闪发光。袖口没有点缀白色的亚麻布衬衫袖口，这样不会分散观众的注意力，使得发光的手部和头部更加引人注目，这位著名钢琴家的长发和闪亮的眼睛为他阴郁的身体加冕生辉。这幅肖像画暗示了天才的奉献精神，它表明不加修饰的深色剪裁不仅适用于商人和绅士，也适用于具有特殊创造天赋的人士——艺术家被塑造成牧师和先知。李斯

图 96（右）
亨利·莱曼（1814—1846），《弗朗茨·李斯特》(*Franz Liszt*)，1839 年。布面油画，113 厘米 × 86 厘米。卡纳瓦莱博物馆，巴黎历史馆，巴黎。

4　哈尔斯（Hals）：弗兰斯 . 哈尔斯 (Frans Hals，约 1581—1666)，荷兰现实主义画派的奠基人，也是 17 世纪荷兰杰出的肖像画家。画中人物富有性格特征，画面气氛热烈，洋溢着荷兰人的乐观主义。

特的紧腰黝黑大衣在这里被看作是熔化的音乐天赋的漏斗，但大衣的黑色赋予画面一种宗教承诺的气息。我们看到钢琴家折叠的双臂，仿佛在聚集火焰，对抗世界，他的外套就是他的灯塔。

尽管这件大衣在画面中的作用很突出，但它与现实生活中 19 世纪 30 年代末和 40 年代初的时尚大衣很相似，当时一些人穿上它，并佩戴黑丝领带，遮住了里面的白色衬衫。古典主义的身材现在已经不流行了，服装塑造出浪漫主义的新身材，而不是相反；早期浪漫主义的新古典主义冲动已经结束，人们不再回望人类、艺术和自然的黄金时代。神秘的东西出现了：佛诺克男士礼服大衣被裁剪成交叉状，完全遮住了胯部，而长裤，即使是日装的圆角礼服，也不再是紧贴的。自然的身体魅力被掩盖了，头发也留得很长。

一个鲜明的服装定义被强加在男性身体上，出现了一个新打造的戏剧性外观。合身的肩膀陡然倾斜，胸部被垫出一个曲线，腰部紧收，大衣的下摆在下面张开，长及膝盖。作为正式的晚礼服，紧身的黑色燕尾服，搭配长裤、白色的马甲和白色的颈饰——从那时起就是如此。这种新近的仪式化黑白晚礼服使我们在 19 世纪 20 年代德拉克洛瓦的作品中看到的浪漫主义男士形象更加鲜明——既性感、严肃又阴郁——这种黑白晚礼服特别适合正式的着装场合，这时女士们的着装会用更袒胸露肩的款式、更多的羽毛装饰，甚至更加华而不实的服饰来突出她们的女性魅力。

马裤早已过时，只在仪式上穿或只有老人穿，此时，白色的围巾人们也只在晚上才佩戴。黑色和彩色衣服适合白天穿，马甲通常是花哨和彩色的，大衣可能是蓝色、绿色或棕色的，裤子和大衣通常不是同一颜色或同一面料。1840 年左右的一些浪漫主义肖像画和风俗画场景显示了这些组合的丰富性，当时的时装插画也是如此；但莱曼在他的李斯特肖像画中却有意抹去当时男性服饰流行的各种颜色和质地的痕迹，因此钢琴家被看作是身着粗陋的单一色彩的服装。事实上，黑色佛诺克男士礼服大衣在十年后才成为时尚的主流，并一直持续到 20 世纪末，才结束其统治地位。

19 世纪上半叶的这四位不同的浪漫主义肖像画家各自阐述了现代男性西装的不同表现特质；但从他们肖像画人物的表情可以看出，他们都有一个强烈的希望，渴望与观者进行个人交流。每个人脸上的表情和身体的姿势都因其非彩色服装的贴身形状和不加修饰的表面而得到加强，强调了穿着者的个性、人格力量和身体魅力。这幅作品摒弃了一些旧有观念，没有出现男性肖像画中经常出现的那种表现权力或美丽的标志，这些标志包括人物身后垂下的织物或丰富的丝绸服装所捕捉的光线波纹——有些特点是这四位大师所画服装共同强调的：亚光、有限的色调，以及最重要的（服装的）合身，从而突出男人的形体。

如果我们再回过头来看庚斯博罗的那幅双人画像，即 18 世纪 80 年代哈莱特夫妇外出散步的画像（见图 77），并再次将男性的布瓦伊画像与其女性的画像（见图 84 和图 93）进行比较，很明显，浪漫主义精神在 18 世纪的最后 25 年已经活跃起来，它敦促画家将穿着不同的男人和女人作为不同种类的生物来呈现。男人穿着清一色的深色成衣，坦率地勾勒出整个鲜活的身体；女人则被装饰在一波波暧昧的白纱里，受人操纵，真实形状的展现受到了阻碍，魅力表现也受到了限制；她们仍然穿着羽毛装饰的，有漂亮的丝带结的衣服，这些特征早被男人服饰所抛弃。在这两幅画的对比中，可以看出，虽然风格不同，展示的时尚也不同，但男人的服饰暗示着一种新的，充盈着阳刚气息的简约和克制，而女人的衣服则保持着矫揉造作和过度化的传统混合，一种逐渐被认为是完全的，甚至是自然化的、女性特质的外表。浪漫主义的服装革命，主要在于表现男子气概，而且它产生了持久的影响。

19 世纪下半叶，素色羊毛定制西装逐渐成为各阶层男子的标准服装：农场工人和工厂工人在下班后，以及参加庆典和去教堂时都穿着它们，而文员和商店助理以及商人、政治家和王子也每天穿着它们去上班。这样的衣服也适合学生和艺术家，适合他们的波西米亚环境。在所有这些群体和其他群体中，穿着方式基本相同，差别非常细微，但衣服质量差异很大。

外形剪裁流畅的大衣和裤子——大衣领子被蒸汽高温处理并压平，形成翻领，露出衬衫和领带的V字形，肩膀和上胸等部位添加填充物，衣身部分则没有任何填充——让衣服外观更平整，就像动物身上紧绷的皮毛，它是西方各行各业、各阶层男性最可靠的皮肤。这种认识是裁剪方案的基本要求，以至于它被证明是无限灵活的，就像建筑的古典秩序一样，所以它的形式可以通过轻微的变化保持其新特征，从而表达新文化的细微差别，而不是随着社会变革的推进而衰败和熄灭。

西装的种类和质量在任何时候都会因不同的目的而改变，西装的时尚在整个发展过程中，其形状和比例也在变化，即便现在也是如此。画家们也在改变他们展示男士服装的方式，使它们在绘画中更具表现力，与艺术本身的变化相一致。

在克劳德·莫奈(Claude Monet) 1865年的《撑伞的男人》(*Man with a Parasol*，图97)中，我们可以看到四十年前施韦特男爵(Baron Schwiter)所穿服装的基本元素(见图95)，但在绘画性、社会性和情感性表达方面有了很大的改变。绘画本身也发生了巨大的变化，那时印象主义的思想已经萌生。一种新的感觉出现了，模仿自然意味着模仿光的效果，在一系列可见的和可变的笔触中部署纯粹的颜色可能是画家传递直接的光学经验的手段，就好像那是一种可以分享的共同乐趣，一种直接的自然天赋，在其神奇的自我之外，画家没有任何叙事任务或道德意义。恒定的主题仍然是自由，新时代开启了人们的视觉自由。在这里，莫奈的无标题主题的画作，描绘的是对象的运动，而不是摆姿势。莫奈的画给人的感觉是，我们一直在看着这个人沿着斑驳的小路向我们走来，马上就会与我们擦肩而过，他打算坐在长椅上，撑着阳伞阅读杂志。

这个场景的偶然性与男子的衣着相匹配，衣服色彩柔和、宽松，是一件非正式套装，风格轻松——柔软的蓝色长裤与上衣和起皱的马甲不同，衬衫有格子，领带是黄色的，很飘逸，倾斜的帽子遮住黢黑的头发，帽子的颜色显得苍白，双手没戴手套，一边拿着杂志，一边撑着阳伞。印

图 97
克劳德·莫奈（Claude Monet，1840—1926），《撑伞的男人》，1865 年。布面油画，99 厘米 ×61 厘米。苏黎世艺术馆。

象派的方法在此表明，浅色系列适合男士非正式西装及其配饰，就像阳光下的树叶和小路一样，是可变的。这个西装男并没有被设置成与公园有某种特殊关系，他是公园的一部分，我们可以看到这是一个公共场所，其他的人可能随时会进入画面，他们都穿着与这位艺术家一样的衣服，并被描绘成各种类似的光照创造的可被画的对象。

印象派在这里允许媒介本身传达西装生活的一个方面，即放松的、多色的、皱巴巴的简约版本。德拉克洛瓦为他的男爵设定的服装，却是一件全黑、贴身、白边、长尾的西装，作为城市化优雅生动的浪漫主义形象，在乡村的夕阳下形成剪影。在莫奈慷慨的非浪漫主义形象中，黑色和白色所表达的优雅却装扮在狗的身上。

然而，黑色服装在 19 世纪最后三分之一的时间里却大行其道，当然包括黑色大衣。男性服饰延续了大衣、马甲和裤子的西装模式，但当时大衣的廓形并不合身，而且看起来方方正正，裤子看起来像高帽一样僵硬，呈圆柱形。当时人们追求的时尚外观，正是由一些厚厚的、不成形的块状体组成的身体外观；各种类型的大衣就像更大的盒子。佛诺克男士礼服大衣胸前的扣子扣得很高，遮住了里面的马甲，露出彩色小领巾，整齐地系在较低的衣领上。男人们穿上他们的（通常是黑色的）佛诺克男士礼服大衣和圆角礼服，再穿上另一种面料的烟管裤，通常是有条纹图案的。这些装束是当时值得尊敬的正式日装，但也出现了各式各样的短上衣和大衣，还有短裤，适合不同场景穿着，满足参加各种运动和休闲活动的男子的穿着需要。晚礼服保持着全黑系列，配以白色马甲、衬衫和领巾；合身的、敞开的燕尾服，既突显穿戴者的身材，又饱含浪漫气息。

然而，在 19 世纪 60 年代，非正式的绅士套装采用了一些不同的面料，被称为日常西装（lounge suits），开始用更柔软、更多彩的材料制作，并搭配更柔软、更低矮的帽子，尽管剪裁仍然方方正正。最重要的是，日常西装的外套没有腰缝，腰缝可以让西装外套的下半身形成下摆或拖尾——这些都体现了老式的传统。短上衣版的日常西装最初只适合在乡下或家里等私人休闲场合穿着，最终被接受为一种城市的公众着装——与莫奈的散步者所穿的外套和马甲一样——日常西装后来成为最优雅和正式的日间套装，即 20 世纪的礼服。

对于 19 世纪后期的农民来说，这种日常西装是为节日着装制作的，为了实用，通常采用厚实的黑色羊毛面料，方方正正的裁剪——雷诺阿[5]有一幅画名为《在布吉瓦跳舞》（*Dancing at Bougival*）的画作，现藏于波士顿艺术博物馆，画中的男人就穿着这样的一件衣服。从 19 世纪 60 年代末到 19 世纪末，不仅男人的身体，甚至男人的体型，都被精心裁剪的衣服所掩盖，他们总是穿着宽松的定制服装。画家们以各种表现方式来呈现它，我们将看到几个突出的例子。

古斯塔夫·凯尔博特（Gustave Caillebotte）是印象派画家的朋友和支持者，但他自己的绘画风格却更加个人化，风格更加大气，不那么致力于完全的色彩表现。他画了许多穿着黑色或深色摩登套装的人物，这些黑色有的经过灰化或蓝化或褐化处理，能与另一种不同的黑色纹理形成对比，或与相邻的物体的颜色相融合，有时画面只有一种颜色，但总是昏暗不清。凯尔博特大约在 1877 年创作了《欧洲桥上》（*On the Pont de l'Europe*，图 98），这是他画的几幅人们在这座新近建成的巴黎桥上行走的景色之一，这座桥不是横跨塞纳河，而是横跨了圣拉扎尔车站延伸出来的许多铁轨，这座桥也反复出

5　雷诺阿（Renoir）：皮埃尔 - 奥古斯特·雷诺阿（Pierre-Auguste Renoir，1841—1919），法国印象派重要画家。

现在莫奈的画作中。车站、铁轨和桥梁是现代工程的伟大壮举，在最近拆除或重建的巴黎随处可见。

这幅画与莫奈的公园风景画形成了鲜明的对比，莫奈画中的人物，和蔼可亲，衣着鲜艳，沿着一条向后退去的阳光大道来到了树叶茂盛的拱顶下。这幅画与凯尔博特为同一座桥[6]所画的另一幅画也有明显的不同，后者展示了衣着各异的人物的全貌，包括一对正在交谈的男女和一只狗。在那幅画中，他利用后退的钢桥来形成一个清晰的透视构件，并在它后面呈现了一片明亮的蓝天。

但在本书选择的画作里（图 98），横梁和栏杆充满了整个画面，没有狗或女人。三个独立的男性形象只有部分可见，背对着观众，也相互背对着，他们被束缚在前景的左半部分。另一半画面被钢梁的

6 见古斯塔夫·凯尔博特 1881—1882 年期间创作的画作，le pont de l' europe。

图 98

古斯塔夫·凯尔博特（1848—1894），《欧洲桥上》，约 1877 年。 布面油画，105 厘米 ×131 厘米。金贝尔艺术博物馆，沃斯堡。

交叉点占据，钢结构建筑依稀可见，远处是天空和烟雾。靠在栏杆上的那个几乎被隐藏起来的人是个工人，他那件工作服袖子上的褶皱给画面留下了一抹自然的蓝色，蓝色正是阴霾的天空中所缺失的颜色。另外两个人，一个正在离开；一个在驻足凝望，他穿着黑色的外套，上面画着灰色的点缀，看起来与灰色的钢桥更相融合。但也有可能是画家有意让他们穿上僵硬的灰色大衣，这样可以更紧密地将他们与僵硬的灰色钢铁融合起来，使他们具有同样严格、精确的结构性——桥梁上的铆钉看起来就像看不见的大衣扣子发生了移位——具有同样的非个人化的品质。然而，画面暗示我们，这两个没有面孔的、涂得光滑的、戴着帽子的人物本身也被锻铸在与钢梁相同的现代模具中，每个人都与另一个人没有区别，在一个新的工业世界中相当机械地相交融合，他们僵硬的大衣构成了现代生活的结构，而那个站着不动、远眺外面的人可能正面对此景，陷入沉思。

不同的画家风格可以将类似的剪裁方案呈现为不同的图像。菲利普·威尔逊·斯蒂尔（Philip Wilson Steer）在1894年给画家沃尔特·西克特（Walter Sickert）画了一幅肖像画，当时两位画家都是34岁（图99），肖像画中显示了印象派在其诞生后的一代人中是如何影响非法国画家的。这幅画与惠斯勒[7]的一些作品，以及德加的作品很相似，色调基本相同，倾斜的地板和大部分垂直笔触的羽毛状薄膜，将人物和地面融为一体。这幅画中的西装不是凯尔博特画的那种四四方方的佛诺克男士礼服大衣搭配条纹裤，这样的搭配让男人看起来笔挺又笨拙。这款四四方方的日常西装的面料也有所不同，比莫奈的西装更正式。另外，这位画家画得很随意，以至于西装男似乎沉浸在玫瑰色的绘画氛围中。穿着西装的西克特看起来是一个松散的、形状模糊的人形图案，他站立在画面的左侧，给人一种微微向上漂浮的感觉。他身处同伴的工作室，站在堆积的作品之中，一种不确定的存在感油然而生。

斯蒂尔画的西装很有松弛感，它可以弯曲和凹陷，甚至可以打开口袋，让一只手随意地插进去，而不会使整套服饰显得不合身。同时，西克特的西装被画成了比他本人更壮实的样子。他精致的脑袋和潇洒的脸庞不成比例的小，而帽子、领子和围巾的轮廓很突出，大衣和裤子，甚至鞋子都不成比例，显得又长又大。这间接说明了现代西装最吸引人的概念之一——它是一种避难所和伪装，是一个可以藏身的平坦、宽敞的容器。

7　惠斯勒（Whistler）：詹姆斯·惠斯勒（James McNeill Whistler，1834—1903），著名印象派画家，曾入读西点军校，之后自选画家为职业。

图 99
菲利普·威尔逊·斯蒂尔（1860—1942），《沃尔特·西克特》（*Walter Sickert*），1894 年。布面油画，59.7 厘米 × 29.8 厘米。国家肖像馆，伦敦。

图 100
爱德华·蒙克（1863—1944），《哈里·格拉夫·凯斯勒》（*Harry Graf Kessler*），1906 年，布面油画，200 厘米 × 84 厘米。柏林国家博物馆。

事实上它并不是一个真正的盒子。在其最初的浪漫主义—新古典主义目标的后期发展中，西装似乎比之前更好地再现了男人的身体。这样的西装看起来舒适而不张扬，不是那种紧身、僵硬和威严的东西；但它确实赋予男人一个新的身体，这个身体似乎也给他的思想和精神增加了新的力量。男人可能具有的任何弱点都会被西装优雅、灵活、和谐的设计所掩饰，所以穿上西装会让男人看起来温文尔雅、强壮而又灵活，他的隐私也因其不露痕迹的廓形而得到保障。

在19世纪末，我们可以说，上述想法与布瓦伊在19世纪初所阐述的想法仍有很大的距离，当时合身的剪裁设计是为了显示和颂扬穿着者的个人形体、面部和情感。那个时代的浪漫主义-新古典主义与我们在凯尔博特的《欧洲桥上》中看到的19世纪70年代钢铁般坚定的观念相去甚远，相互背离，但同样的时尚元素在所有这些西装的沿革变化中一直得以保存，部分原因是画家们在其中看到并赋予它们的表现力，强调西装对男人的塑造。莱曼画的李斯特身上的大衣在基本结构上与凯尔博特的路人身上的大衣并无不同。从细腰、溜肩和喇叭口的下摆到直筒下摆、粗腰和直肩的转变是一个技术问题，变化并不明显；而从明晰的线条所勾勒的浪漫主义戏剧到微妙的心理和经验观察是一个巨大的转变。正是绘画意象的力量使这些不同的特质体现在不同时代的剪裁上，成为时尚发展的内在属性。

进入20世纪，在莫奈画中，穿着早期衣服的男人，在公园散步40年后，我们看到了日常西装所发生的变化。在爱德华·蒙克（Edvard Munch）1906年创作的哈里·格拉夫·凯斯勒（Harry Graf Kessler）的肖像中（图100），这个西装男再次被画家作品的风格和特点所改变。日常西装这时被称为散步服（walking suit），其廓形在1900年左右很流行，当时的颜色还比较单一，质地也很粗糙。到了今天，曾经非正式的，甚至是波西米亚风格的东西变得得体而优雅。自1826年施韦特男爵穿的那套西装以来，西装变化最大的地方是颈部装饰。德拉克洛瓦给男爵展示了布鲁梅尔式的折叠白麻领巾，莫奈给他的波西米亚人戴上了打结的彩色围巾，而蒙克的伯爵现在戴上了20世纪的薄领带，这是过去所有折叠领巾和打结领巾的最后的形式抽象。方形大块头的廓形已经过时了，外套大身的形状仍然是直筒的，但长度明显缩短了，其正面是燕尾服的样式，这样紧身的裤子可以显得更长。在接下来的十年里，时尚的西装即将再次变得更宽、更肥，但在这一时刻，蒙克却把穿西装的伯爵画成了一个极其苗条的人。

画中所展示的深色西装光滑而结实，这很可能是伯爵的个人品位，但画家在这里使它（西装）呈现出一种不太真实的蓝黑

色，其背景是淡黄色的虚空，不是城市，也不是乡村，像一团发光的云，有一个倾斜的平面供伯爵立足站立。我们可以想象，并在此基础上投射出一个环境：除了发热的光芒，那里一无所有。在明亮的背景上，画家通过在黑色的边缘画上黄色的笔触，使衣服的黑色轮廓变得格外生动，并让一些笔触重叠在一起，就像背光在人物身上发生反射一样，这有助于消除这套衣服作为身体覆盖物的所有轻松或灵活性的感觉，它更像是一件盔甲。

根据当时的时尚，西装在腰部不能有弧度，如莫奈画中的人物，画家没有给马甲画上温和的褶皱，长裤腿格外有棱有角，身体也按比例缩短。在耀眼的背景的衬托下，这套衣服像一只黑色的甲壳虫，带着铜色的闪光，其笔触密致、紧凑。伯爵红色的脸颊看起来很忧郁，戴着绿黄色的弯曲帽子，看起来很阴险，他鞋子上的光泽与其说是优雅，不如说是威胁——同样的笔触在另一位画家的作品中可能看起来很轻盈和欢快。衬衫领子僵硬不服帖，领子的边缘和领角可能会戳着脖子和下巴，一条狭窄的黑色领带就像一条绞索，帽子上有一条狭窄的黑色帽带，像是一种提醒，形状像针刺一样的手杖是一种半隐藏的威胁。赤裸的手放在腰部，伯爵似乎已经准备好挑战一个阴暗的命运。这是李斯特的禁欲浪漫主义套装的现代表现主义版本；这位画家现在用一个穿着时尚的城市服装的男性形象在他周围营造出一种不安和精神恐慌的氛围。蒙克甚至借用了当时时装插画中常见的姿势，为这一形象进一步增添了阴森的效果。

男子气概的晚礼服，在 19 世纪初就已经被永久地浇铸在了浪漫主义的模子里，当然非常需要现代化的改造。在 19 世纪 60 年代出现的日间场合穿着的日

图 101（左）
马克斯・贝克曼（1884—1950），《穿燕尾服的自画像》，1927 年。布面油画，139.5 厘米 × 95.5 厘米。哈佛艺术博物馆 / 布希 - 赖辛格博物馆。

常西装，逐渐被大众接受为城市日间礼服，后来黑色的日常西装也用在晚间场合。于是，在 19 世纪 80 年代发明的晚宴礼服（the dinner jacket）或塔士多礼服（Tuxedo），最初称为西装礼服（the dress lounge coat）。美国人声称纽约南部塔士多公园的一家乡村俱乐部发明了这种现代服装，并用“塔士多”一词为其命名，但英国自布鲁梅尔时代以来一直是男性服装业的无冕之王，自然声称在同一时间是英国人首先发明了它。这种形式的衣服要求穿白衬衫，领子很硬，就像正式的礼服一样，但需要打黑色领带，而上衣最初是敞开的，以展示里面的黑色马甲。人们出席在俱乐部或私人住宅举行的聚会时穿着这种服装，度过一个舒适的夜晚。在 19 世纪的其余时间和 20 世纪的前四分之一的时间里，这种衣服仍然不适合优雅的餐厅、正式的晚宴和舞会、歌剧院、剧院或任何其他需要晚礼服的公共场合。

然而，在马克斯・贝克曼（Max Beckmann）1927 年的《穿燕尾服的自画像》（*Self-portrait in a Tuxedo*，图 101）中，我们看到了一位极具个性的现代画家对现代非正式晚礼服的理解，画中人物的黑色日常西装的外套和马甲的领口都开得很低，从而更多地露出白衬衫，作为晚礼服，它看起来笔直硬挺。翻领的材质应该是丝绸的，但画家对翻领的刻画并不清晰，很难将这件优雅的外套与普通的黑色西装进一步区分开来——自 19 世纪 80 年代以来，农民也穿着这种西装去跳舞。这幅画的背景与李斯特的画像一样，是一堵平整的、带墙裙的室内墙面，也可能是一扇没有视野的平板玻璃窗，其垂直的边缘可能是窗帘。背景虚空，减少了心理暗示，更值得欣赏的是画面的几何感、非色彩设计，这为这幅肖像画定下了抽象、现代的基调。

画面上的灯光打在那张严厉的脸上的一侧，恰似李斯特画像的用光，突显了眉头上的皱纹，灯光打在了白衬衫正面的一边，包括一只白色的袖口和画家的双手。这幅画的重点很突出，这套严肃的休闲服装与这个人的个性交织在一起，黑色和白色与他富有表情的手和脸共同上演了一场亲密戏。但是，这身塔士多礼服给画家带来的绘画形式感才是戏剧性的真正起源。

画家像格拉夫・凯斯勒（蒙克创作的肖像画，图 100）那样展示自己，一只手放在腰上，重心放在一条腿上，另一只手的手指夹着香烟。从画中可以看出这位艺术家与我们很亲近，从而使这幅画对西装的描绘比蒙克的全身肖像对西装的描绘更具对话性。就好像吸烟者确实就身处俱乐部，而我们也是那里的成员——谈话是坦率的，阴郁的沉默受到尊重，对于这个画中人的个性，服装给予了更多的强化而不是掩盖，正如在18世纪末，时尚的原始概念所声称的那样。贝克曼小心翼翼地勾勒出他的两条黑色大腿，然后用画框的底边把它们截断，这样就不会破坏衣服的整体性。两只袖子需要匹配两只裤腿，就像手臂需要腿部的支撑一样，才能形成身体的平衡。

20世纪，西装逐渐失去了必备的马甲，塔士多礼服也是如此，尽管它们依旧可与马甲相搭配。现在的西装主要包括两部分——上衣和长裤，两者往往是同一种材料制成的——不过西装在当下的男性服装领域只占据了一个较小的区域，因为出现了一系列适合多种活动或特殊运动的服装，以及适合更多体力劳动的职业的服装，这些服装逐渐成为城市男性服装的主要样式。然而，西装仍然是舒适的、灵活的、微妙的、多样的，适合所有人群的衣服，它没有消失。在过去的四分之一个世纪里，画家们为西装伸张正义，在他们的画作中从未发现对西装有任何视觉想象力的限制。

图102（右）
卢西恩·弗洛伊德（1922—2011），《椅子上的男人》，1985年。布面油画，120.5厘米×100.5厘米。蒂森-博纳米萨收藏，马德里，西班牙。

例如，西装经常出现在卢西恩·弗洛伊德（Lucian Freud）的作品中，其形状和质地总是像人类的皮肤和头发一样丰富多彩。1985年的《椅子上的男人》（*Man in a Chair*，图102）是反映现代时尚绘画的杰作，它将西装的褶皱与手和脸的皱纹完美地融合在一起，皱痕充满了活力。旁边还有一堆布片形成的褶皱，在画中相映成趣。这是一套无马甲西装，它没有任何生硬的直线——柔韧而有吸引力，西装在扣子的上面、中间和下面随意地敞开，在黑暗的虚无背景中，领口露出浅色调衬衫，激活了更多的可能性。画面上的一边是堆满褶皱物品的角落，一边是一位穿着低调西装，拥有一双大手的男人，红色和金色的椅子在画中起到了很好的过渡作用。虽然这幅画与雷本创作的哈顿先生肖像有相似之处（见图92），但这套彩绘西装彰显了洛可可风格，在这些现代法兰绒褶皱中唤起了早期彩绘褶皱的幽灵。

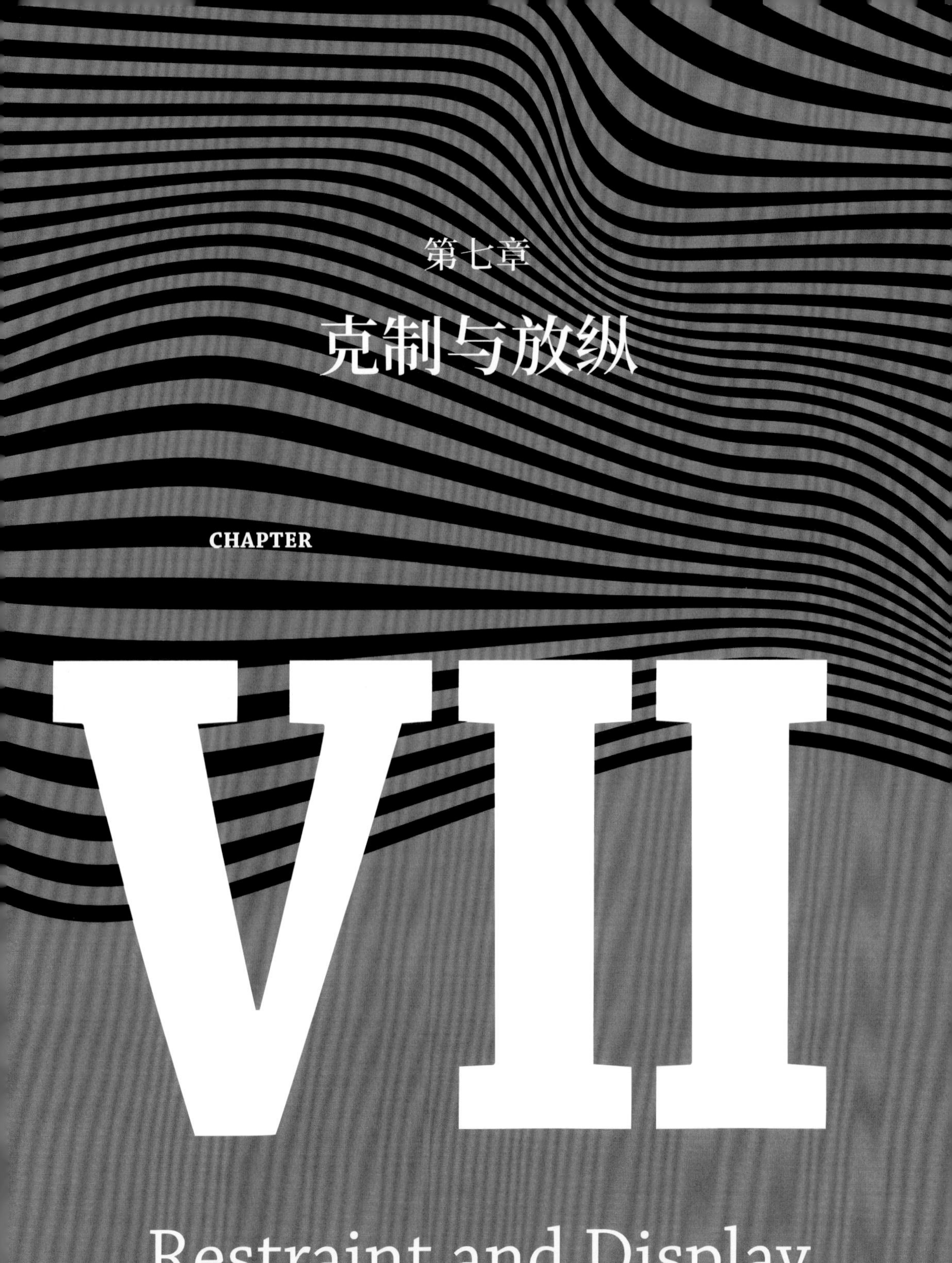

第七章 克制与放纵

CHAPTER VII

Restraint and Display

1800年后，在绘画中，女性是情感和性欲表现的主要焦点，高腰线的柱状白裙的流行持续了不到20年。在那段时期的末尾，裙撑的使用开始把女性躯干塑造成沙漏状，同时，时尚的袖子和裙子也得以再次展开，并开始带有越来越多的装饰物。新古典主义时期对希腊少女雕像的幻想已经结束，被浪漫主义时期对充满活力的精灵的幻想取而代之——特别是在创新的浪漫主义芭蕾舞剧《精灵》(*La Sylpphide*)的影响下，它的超自然女主角穿着芭蕾舞裙——随后是其他的幻想，往往基于其他文学和戏剧的虚构。19世纪的时尚女装成为混合视觉幻想的容器，鲜艳的色彩和多种形式的细节推动了时尚廓形的变化。那些热衷于表现情侣主题的画家更是强调这一趋势的影响，此时，男装与女装相比，其光彩和变化显得隐蔽和暗淡。

应该指出的是，19世纪的女装大多朴素和阴郁。对此，画家们在肖像画和风俗画中做了生动的描绘，而且我们看到，画家们可以使男装传达出巨大的感情变化；但通常的情况是，在夫妻画中，女装可以表现双重角色，无论他们的关系如何。在这样的画面中，男装似乎代表着事实，女装则代表着感觉和想象力。

19世纪50年代，阿瑟·休斯(Arthur

Hughes）创作了名为《漫长的婚约》（*The Long Engagement*，图 103）的画作。它展示了一对解除了婚约的情侣，脸上面容倦怠，写满了善意等待带来的折磨，画中的人物被生机勃勃的大自然所包围，光线强烈地落在女子闪亮的金发上，照在她紫

图 103
阿瑟·休斯（1832—1915），《漫长的婚约》，约 1854—1859 年。布面油画，105.4 厘米 ×52.1 厘米。伯明翰博物馆和艺术馆。

色天鹅绒斗篷的褶皱上闪闪发亮，照在她紫色的面纱上微微发亮，面纱遮掩着蓝色羽毛帽子，帽子的蓝色丝带挂在她的手臂上，光照得蓝色锦缎裙子的褶皱微微泛白，她的手腕和脖子上的白色蕾丝流苏清晰可见，胸前还有灿烂的红花，那条皮毛光滑如丝的小狗仿佛也是她的一件装饰品。她紧紧地贴着她的爱人，抬起苍白的脸庞，捕捉自己的那束重要的光芒。与此同时，男人穿着一条单调的棕色长裤和一件更单调的棕色大衣，他的头发和胡须是灰褐色的，他戴着帽子的头、肩膀和脸都在阴影中，以至于我们也很难注意到他身穿的亚麻面料，除了一颗纽扣，看不出他

图 104（左）
阿尔弗雷德·埃尔莫尔（1815—1881），《在边缘》，1865 年。画板上的油画，114.3 厘米 ×83.2 厘米。英国剑桥大学 Fitzwilliam 博物馆。

的服装的任何细节。他的右手暴露在光线之下，只因为被她的双手握着。

这个男人看起来像一块巨石，紧挨着他所倚靠的那棵树，而女士泰然自若，就像背景中白色小花的彩虹版。为什么她如此张扬，他却如此暗淡？为什么他们不都穿着悲伤单调的布料，一起感受压力，或者都是五颜六色，一起拥抱灿烂？他可以穿得像上一章中那个打着阳伞的男人一样——作为拉斐尔前派画家，休斯，在他的画作中经常把五颜六色的男性装束画得很细致。然而，据称这个年轻人是个牧师：这就为他的沉闷衣着提供了依据。但是，这个维多利亚时代的例子说明，在两性之间的热烈交往中，他们的着装体现了 1800 年盛行的浪漫主义的男女形象化标准。我们在 17 世纪 80 年代的庚斯博罗的作品中，在两幅布瓦伊的肖像画之间的差异中，以及在戴维对布鲁图斯的服装和他的女人的服装的呈现中，都可以看到这种标准（见图 77、图 81、图 84、图 93）。

这位女士的衣服暗示了女性与转瞬即逝的自然界有亲和力，不仅仅是花，还有流动的水和变化的天空；她的感情很快就能表达出来，她可能会沉醉或哭泣，但她也关心自己的外表，她选择并完善她的外表的细节。男士的绘画形象则表明了男子气概的坚定，没有表面上的战栗，犹如石头和橡树一般，不动声色；他的内心深藏不露，尽管他也有所触动。他立场坚定，从不哭泣，也不照镜子。她将为他们俩而哭泣，就在她留着一头蓬蓬的秀发，穿着精心挑选的彩色丝绸服饰，光彩照人的那一刻。

同样的服装概念支配着阿尔弗雷德·埃尔莫尔（Alfred Elmore）1865 年的《在边缘》（*On the Brink*，图 104），尽管情感和性环境完全不同。在这幅画里，女士穿着丰富、宽大的服装，为情感氛围营造了特别的视觉效果。她身后的诱惑者笼罩在阴影中，就像休斯画中那位昏暗的未婚夫一样，他的深色服装没有任何细节，尽管红色的光芒勾勒出他的轮廓，照亮他的脖子和下巴。与先前背景中呈现的

新鲜树叶和花朵不同，这幅画作中的男女身后是被详细描绘的堕落者之间的邪恶游戏，大多数有罪之人都是穿着鲜艳衣服的女人。画中女士的宽下摆裙子在前景中犹如充满了火焰的河流，她的丝绸斗篷在烟波中荡漾，她的天鹅绒帽子仿佛是由余火未尽的木块制成——燃烧着羞耻、欲望、怀疑和赌博。诱惑她的恶棍可能带有一丝温情，但他的另一面却是冷酷的，就像投射在她身上的月光一样，在她苦恼的眉头上寻找着沟壑，发现她的弱点。

詹姆斯·提索（James Tissot）1878年的《舞会》（*The Ball*，图105）在男性和女性的外表之间做出了更加鲜明的图像区分，但这幅画在观众中引起了一种玩世不恭的反应，这种反应不曾出现在早期的浪漫主义作品里。在这里，昏暗的男性没有面孔——可以说，他已经埋在死人堆里了——他雪白的头发足以定义他，还有他那身绝对黑色和绝对白色的晚礼服。女士的服装比本章讨论的前两位世纪中叶的女士的服装更加华丽，在19世纪70年代末流行的修长的沙漏形躯干和宽大艳俗的臀部使她更加性感。画家对她的羽毛、丝带、荷叶边、花边、帽子、手套和手镯进行了精确的描绘，并对那把巨大的扇子进行细致的刻画，这把扇子挡住了旁边女士的大部分衣服。她的这套服装很修身，黄白相间，加上羽毛状的羽冠和褶裥修饰的裙摆拖尾，此刻，她变成了一个非人类、类似鸟类的生物，她的面部毫无表情。

这个类似莫泊桑式场景并没有反映她的感受，就像前两个场景那样，这位女性的脸和衣服很好地表达了她的情感体验。在这里，画面中没有暗示任何情感的存在。这幅画的意味直接来自那位占据画面中心位置的金发女郎，她的身材有着夸张的曲线，衣着华丽。画中没有明示其主题思想，观者才是感觉的提供者。看到这个场景可能会让观者联想到画中人物的身份：一位白发苍苍的绅士，她挽着他的胳膊进入舞厅，当她把裙子扫过前景的椅子时，我们看到她用华而不实的装饰掩盖了她的身份。同时，观者也会将嘲笑、怜

图105（左）
詹姆斯·提索（1836—1902），《舞会》，约1878年。布面油画，90.2厘米×50.2厘米。奥赛博物馆，巴黎。

惘、羡慕或尴尬的情绪与画中的角色联系起来。

在艺术史上不乏对这种风俗场景的描绘，昏暗的男人和闪亮的女人，特别是在17世纪的荷兰。画家们擅长通过描绘舒适的资产阶级物质生活，特别是衣服，来描绘情色。许多场景与维多利亚时代的画作都有相同的元素，但更普遍的叙事是风情万种，往往表现出直接的求爱，有时是直接的金钱交易、情色买卖。杰拉德·特·博尔奇(Gerard ter Borch)大约在1667—1668年创作了《为两个男人演奏特奥博的女人》(*Woman Playing a Theorbo to Two Men*，图106)，虽然画

图 106（左）
杰拉德·特·博尔奇 (1617—1681),《为两个男人演奏特奥博的女人》，约 1667—1668 年。布面油画，67.6 厘米 ×57.8 厘米。国家美术馆，伦敦。

中没有说明确切的情况，但画家用闪亮的缎子裙子和袖子标榜女人的魅力，而她演奏的音乐又进一步增强了女人的魅力。她穿着厚厚的衣服，由一层层昂贵的丝绸、亚麻布和毛皮制作而成，看着这些衣物比看着裸体更令人垂涎。它们不仅仅是繁荣的居家生活的标志，而是直接表现了一种额外的身体和物质享受，就像上个世纪那些衣着华丽的威尼斯美女一样。

博尔奇画中男人的衣服也同样是笨重而奢华的，尽管他们的衣服都是黑色，而且男人被遮挡在桌子后面。此刻，男人们专注于歌曲，而不是女孩；但他们身后右侧有一昏暗的物体，一张床，画中左侧，女人坐着，全身光鲜亮丽，引人注目，绸缎覆盖着她的膝盖，双腿优雅地分开，当音乐停止时，他们的目光将转向她。一只听话的小狗专心致志地走了进来，也许很快就会嗅到地板上的扑克牌。值得注意的是，在 17 世纪中期的荷兰，许多双人画像或家庭画像都着力显示富裕的丈夫和妻子，他们往往都穿着同样昂贵和华丽的黑色衣服，由此，可以推断，女士身上明亮、闪亮的颜色并不符合当时流行的家庭画的色调。另一方面，像当时的许多画作一样，这种场景中可能出现昏暗的男人和明亮的女人，他们的具体关系没有明示，他们的外表和行为可以有多种解释。

当提索和其他 19 世纪后期的画家选择展示现代生活中的非浪漫场景时，他们的画作更符合特·博尔奇的风格，而不是休斯的风格。一些浪漫主义画家关于性别的陈词滥调的主题仍然可能出现在历史画的名目下，其中包括以古代为背景的虚构类型场景。1880 年，皮埃尔·奥古斯特·科特（Pierre Auguste Cot）画了《风

图 107
皮埃尔·奥古斯特·科特（1837—1883），《风暴》，1880 年。布面油画。234.3 厘米×156.8 厘米。大都会艺术博物馆，纽约，Catharine Lorillard Wolfe 收藏。

暴》（*The Storm*，图 107），展示了一对仿古的年轻男女的形象，天色突变，雷雨在即，他们一路狂奔。男士是深色调的，女士是浅色调的；男士的皮肤黝黑粗糙，女士穿着薄薄的白纱；他的脸部笼罩在阴影中，紧盯着她，而她的脸被照亮，她看着自己的肩膀，颇像《在边缘》（见图 104）中的男女的目光。不难看出，这对阿卡迪亚[1]式璧人的梦幻服饰暗示了当时男女服饰的时尚惯例：男子用蓝色腰带系着棕色皮毛和猎角，暗示了男士的蓝色领带和棕色花呢非正式西装，而女子身上飘逸的白色织物，可看作是提索画中金发美女所穿的那件透明版的精致礼服。一些透明的东西甚至会产生一种从紧身连衣裙后面延伸出来的褶皱效果，在画中很突出，捕捉了大部分的光线。

看看这幅 1880 年的画，我们也许能更好地领略后世对画布垂褶的应用。这时的画家描绘物质自由运动的技巧，大部分都是在这样的幻想作品中发挥出来的。英

1 阿卡迪亚（Arcadian）：田园牧歌式的。

国的雷顿[2]和伯恩-琼斯[3]等画家发展了个人风格的幻想垂褶，可与曼特纳或丁托列托的垂褶绘画相媲美；法国的热罗姆[4]、卡巴内尔[5]和科特一样，发明了具有精确性、学术性的垂褶效果传奇服装。普维斯·德·沙畹[6]的古董或乌托邦式幻想的衣饰垂褶有一种苍白、僵硬、缺乏活力的感觉，就像他的人物一样，特别是在他的大型壁画作品中。传统的神圣艺术正在衰退，我们已经注意到，肖像画不再需要垂褶面料。这意味着，除了带有或不带有叙事性主题的学院派裸体画（通常需要在画面的某个位置铺上帷幔，以标示它们是严肃的艺术）之外，只有在古代或中世纪的幻想再现作品中，垂褶面料才对构图至关重要。印象派或现实主义艺术家可能会严格记录垂褶面料在当时女性服饰中的作用，但它已经成了一个表面装饰的小问题。

女性化的裙子和斗篷，比如我们在艾尔莫尔和休斯画中看到的那种飘逸和波浪的，在19世纪60年代后半期和那个世纪余下的时间里，不再飘逸，变得厚重和复杂，就像女性被视为越来越复杂一样。提索的场景是这种华丽服饰的一个极端案例，纯粹用羽毛作装饰。然而，埃德加·德加在他1870年左右的画作《闷闷不乐》(*Sulking*)中，更有效地利用了那个时代的女性服饰，传达了一种非浪漫主义的、有趣的两性心理学观点，这幅画也称《银行家》(*The Banker*，图108)。画家让女人摆出前倾的姿势，展现了一件复杂连衣裙的上身效果，连衣裙带有精致而厚重的裙撑，暗示女人复杂沉重的心境，并营

2　雷顿（Leighton）：拜伦·雷顿（Baron Leighton，1830—1896），英国画家。他的古典题材作品表现出精湛的绘画技巧。他的作品包括：《赫拉克勒斯和死神角力》（1871年）、《夏季的月亮》（1872年）和雕塑《运动员与巨蟒》（1879年）。

3　伯恩-琼斯（Burne-Jones，1833—1898）：新拉斐尔前派（又名牛津会）最重要的画家之一，他是拉斐尔前派理想的热情支持者与实践者。代表作《梅林的诱惑》《国王与乞食少女》。

4　热罗姆(Gérôme)：让-莱昂·热罗姆（Jean-Léon Gérôme，1824—1904），法国画家，代表作《维纳斯的诞生》（1890年）。

5　卡巴内尔(Cabanel)：亚历山大·卡巴内尔（Alexandre Cabanel，1823－1889），法国学院派画家。他的绘画以学院艺术风格著称，取材以历史及宗教题材为主。

6　普维斯·德·沙畹（Puvis de Chavannes，1824—1898）：法国画家。

图 108
埃德加·德加，《闷闷不乐》(《银行家》)，约 1870 年。布面油画，32.4 厘米 × 46.4 厘米。大都会艺术博物馆，纽约，H.O. Havemeyer 收藏。

造了暧昧的气氛，这也是这对男女稍显愤懑和不和谐的主要标志。

德加对 17 世纪荷兰绘画的崇拜在这幅画里和其他作品里都有明显的表达，他坚持在画面的主题上融入荷兰式的模糊性，甚至在画面中加入了一个看似重要的背景图案来增加其模糊性。他把更多的光线投射在色彩斑斓的女人身上，而不是阴沉的男人身上；他更聚焦于对女人的展示，把她放在画面中央，她的眼睛看着我们，但他没有说明画中两个人之间的具体关系，也没有说明是什么造成了他们明显的情感断裂。画家没有任何浪漫主义的修辞，对这个闷闷不乐的男人做了冷静的观察，他的坐姿退缩，面目紧锁，深色的大衣，看起来远比那位脸部抬起，穿着蓝色褶边裙装的女士更有内涵，更不外露。

亨利·德·图卢兹·劳特累克 (Henri de Toulouse Lautrec) 在其短暂的绘画生涯中，一直在探索描绘巴黎歌舞厅和音乐厅的风貌，磨练了他对服饰独特的眼光，其中包括两性的时尚风格和演艺界的装束，以及妓女的工作服。1894 年的《红磨坊的英国人》(*The Englishman at the Moulin Rouge*, 图 109) 就是一个很好的例子，说明他对艳俗的女人和穿着正式的男人之间的对比有敏锐的洞察力，这与一些荷兰版本的主题并无不同。然而，劳特累克很少生活在荷兰，在这幅画里，他公开把男人作为画面的焦点，给他的黑色服装和苍白的脸部画上强烈的纹理和细节，而把松软的白人女性和她的朋友的脸、衣服画得更简略和不真实。

这幅画中描绘的场景是一个低俗的生活环境，其中的女性因为稍显怪异反而更具吸引力，她们穿着完美的晚礼服，与贫民窟的先生们保持着足够的距离。劳特累克轻描淡写地勾画了中间女性眉心上卷曲的黑发，以及另一个女性的橙色头发和轻薄精巧的服饰。相比之下，他对英国男士的配饰刻画更为清晰，他进一步强调了男士留着小胡子的嘴、红润的耳朵和精细刻画的手，甚至没有省略装饰性手帕与浓郁的黑色大衣——这是一幅实实在在的肖像画。画中的女人则是生命短暂的有翅膀的夜行生物，画面中描绘了两个纵情欢闹的女人形象，她们滑稽的服饰只需寥寥数笔就能勾画。一只手戴着手套，形状模糊，似乎摸到了男士的膝部。画家几乎没有刻画他们的眼睛和嘴巴。

在恩斯特·路德维希·基希纳（Ernst Ludwig Kirchner）1914 年的《红色罐头》（*Red Cocotte*，图 110）中出现了更强烈的骚动。各种现代表现手法在 20 世纪得到全面推广，主导着绘画的发展。基希纳超越了劳特累克，更清晰地表现了世纪末

图 109
亨利·德·图卢兹·劳特累克（1864—1901），《红磨坊的英国人》，1894 年。纸板上的油画和水粉画，85.7 厘米 ×66 厘米。大都会艺术博物馆，纽约。

图 110（左）
恩斯特·路德维希·基希纳 (1880—1938)，《红色罐头》，1914 年。纸上粉笔画，41 厘米 ×30.2 厘米。斯图加特国家美术馆。

(fin-de-siècle) 的巴黎场景，给我们提供了一个关于妓女生存的严酷的表现主义视野。他把这个女人画成了倾斜在紫色街道上正在爆炸的烟花，在一排烧焦的火柴棍男人面前炫耀自己的红色装束和帽子，这些男人集体展示了他们对这个火焰般生物的禽兽癖好。左下角的那个人是目击者，也许是皮条客或是事件的记录者。基于这幅画的艺术构思，它着重强调男人的整齐划一，以及夸大女人的怪异，画中的女人衣着上闪着白色褶边和羽翼，穿着流苏裙和尖头鞋，全身上下都是猩红色。

1914 年，在绘画中女性的服装仍然比男性服装占据更多的空间，其中大部分是由于大帽子和奢华的穿戴所造成的，基希纳的作品就很好地说明了这一点。然而，20 世纪初的女性服装趋势是朝着与男性相同的廓形发展的，她们穿着光滑的大衣和长裤，戴着整齐的帽子。到了 20 世纪 20 年代中期，画家们倾向于将女性身体描绘成一个单一的、未经修饰的形状，时装插画家也是如此。实际的连衣裙应该从肩膀直垂到小腿上的某个地方，最终上升到膝盖，然后再次下降。内衣被重新设计，内衣的设计不再突出女性的身体曲线，肉色的丝袜强调了暴露的腿。

弗里茨·范·登·伯格（Frits van den Berghe）1923 年到 1924 年的双人肖像画展示了一个传统的主题，即一对身着节日服饰的夫妻（图 111）。然而，画家将他们现代的身体安排在一个浪漫主义的构图中，强调了他们之间的差异，并创造了一种张力，再次让人联想到埃尔莫尔画面中的极端场景。阴暗的男人穿着燕尾服，身材硕大，他那银色娇小的妻子似乎完全衬托在他的剪影之中。他沉重的脸上有暗红色的嘴唇，当他越过她的头看向我们时，他的眼睑低垂，扫描着地平线，仿佛在寻找可能出现的威胁。她的轮廓像个玩偶娃娃，头发像头盔，脸上涂抹着一层胭脂，明亮的眼睛盯着画框外。画中人物让人联想到斯文加里[7]和他的受害者的故事——他的身体似乎很庞大，她的身体看上去是缩小的。她坐在他旁边的长椅上，他的腿是黑色的，但从构图来看，她坐在他的腿上，而那条腿看似一条又短又大的猩猩腿。恰巧的是，背景墙上呈现出野兽的部分图像和女性裸体绘画的局部。

画面中最亮的光线顺着妻子那条呈金属质地的裙子，形成一条光带，向下滑到她的小腿上，身体上出现两个弯，僵硬得像一尊坐着的埃及雕像，她双手放在膝盖上。她的手只有他的五分之一大，似乎像两扇门一样把持左右两边，把她堵在画里。她的力量明显体现在她长而有力的脖子上，我们可以认为她有自己的魔力来对抗他的黑暗力量。

在这些 19 世纪和 20 世纪的画作中，画家们通过塑造男性和女性衣着的对立，来刻画性别的戏剧性冲突。他们都有一个共同点，那就是男人和女人在本质上是不同的生物，特别是当他们相遇时。不仅是他们华丽衣着的不同，而且他们的色彩也不同，光线对他们的冲击也不同，就像思想一样。他们被描绘成不同的样子，在发现彼此不同的行为的过程中被我们看到。

7　斯文加里（Svengali）：英国小说家乔治·杜·莫里耶（George du Maurier）于 1894 年出版的经典小说《特丽尔比》（*Trilby*）中的音乐家，他使用催眠术控制女主人公。

在所有这些画中，男人和女人并没有互相对视；他们总是心猿意马。

这些画作中的服装表达了这样一种观点：穿着简约剪裁和朴素色彩的男性已经不再希望自己成为幻想中的幻影，这是欧洲官宦阶层的男女曾经的愿望，因为根据过去的经验，他们坚信人的高贵需要装扮。相反，所有的人都表现出一种谨慎的、实用的、准牧师的样子，他们对富有想象力的想法和前所未见的行为感兴趣，而对富有想象力的外表和浮华的行为不再感兴趣。当画中女人的衣服让人联想到花与水、鸟与烟、蝴蝶与火焰或彩绘的雕像，所有这些都能开启情感和幻想的宝库，而穿着

图 111
弗里茨·范·登·伯格(1883—1939),《保罗·古斯塔夫·范·赫克和他的妻子》(*Paul-Gustave van Hecke and his Wife*)，1923—1924 年。布面油画，160.6 厘米 ×120.4 厘米。安特卫普皇家美术博物馆。

图 112（左）
1935 年，《礼帽》（*Top Hat*）的宣传剧照。弗雷德·阿斯泰尔和金吉·罗杰斯主演。私人收藏。

衣服的男人则让人联想到天然的石头和木头，以及人造的壁垒和方碑，人们创造的黑白男性，犹如一些数字图标，书写着历史和法律。

在弗雷德·阿斯泰尔（Fred Astaire）和金格·罗杰斯（Ginger Rogers）跳舞的电影剧照中（图 112），我们可以看到，在这个相同场景中，事情发生了变化，部分原因是出现了一种新的媒介，使其得以呈现。在这个时代，所有晚礼服的美都被现代摄影，特别是黑白电影详细展现出来，给人留下了深刻的印象。男演员所穿的漂亮的燕尾服和无尾礼服，以及完美的白衬衫和领带，与女明星穿的华丽闪亮的晚装一起，成为电影中强烈的视觉享受；在宣传画像和剧照中也可以找到同样的乐趣。

到了 1935 年，这个时期的电影充满着对两性关系的表现，在这里，男女之间的诙谐对答已司空见惯，人们对女性有了更多的了解，涉及她们的方方面面，如教育、就业、有效的避孕措施、职业和投票权。人们仍然知道男人和女人是完全不同的，但与可怕的维多利亚时代相比，女性不再是难以理解，与男性相互对立的生物。我们正在观看的舞蹈表现了一种真正平等的伙伴关系，他风度翩翩地暗送秋波，她默契地应对自如，双方都致力于呈现完美的联合表演。羽毛状的缎子与白色的领结和黑色的燕尾服同样服从于黑白电影摄影的画面美感，在和谐的景象中一起旋转；这是一个超越性别的和谐幻想，在不牺牲令人愉悦的服饰差异的情况下得以实现。

第八章

裸体与模式

CHAPTER

VIII

Nude and Mode

自中世纪晚期以来，从绘画中的女性裸体形象就能看出明显的时尚影响。这些影响出现在那些致力于表现古典理想的艺术家的裸体画中，如安格尔的画作；也出现在那些致力于追求个人风格的画家的裸体画中，如丁托列托；或那些致力于不受古典主义影响的现实主义画家的画作中，如伦勃朗和库尔贝。虽然致力于理想真理的画家可能认为他们对世俗变幻莫测的时尚具有免疫力，而致力于光学真理的画家可能认为自己对理想化的冲动也有免疫力，但两者都容易受到时尚规范性的影响，对此，没有任何眼睛会视而不见，更别提那些最敏锐的眼睛。我们可以在裸体画中看到，女性时尚如何塑造了一个暂时理想的裸体女性形象，同时，也使这种理想的外形看起来符合当下的自然。

从活生生的裸体模特身上画出身体的草图首先需要艺术家的眼睛和手具有无中介的准确性，然后需要把草图变成一件艺术品，让裸体看起来更自然或更理想，无论哪种情况都是上乘之作。然而，由时尚塑造的身体外形往往会更为常见，因为它是当下最性感的身体，是当前图像中最常使用的身体，因此它看起来就是如此。之所以如此，因为无论是在过去还是现在，时尚装扮的身体本身在图画中都是最有说服力的，不过，它在绘画中并不是直接呈

图 113
巴多洛缪・凡・艾克（约 1440 年至约 1469 年活跃），《一位女士从诗人手中接过一本书》（*A Lady receiving a Book from a Poet*），出自薄伽丘的《忒修斯》（法译本），约 1460—1469 年。羊皮纸，26.6 厘米 ×20 厘米。奥地利国家图书馆，维也纳。

现的。如今摄影媒体却是直接呈现的；但当时尚出现时，画家和插画师却致力于解释它，夸大它，展示它最敏锐的当代魅力——并以裸体的形式呈现它。男性和女性都在时尚艺术中有所呈现；但在本书中，我们仅考虑女性问题，讨论从 15 世纪中期到 20 世纪中期时尚对女性裸体画的影响。

15 世纪 60 年代，法国画家巴多洛缪・凡・艾克（Barthélemy van Eyck）根据薄伽丘长诗《忒修斯》(*La Teseida*)[1]的故事，创作了衣服微缩画，画的是一位诗人向一位女士呈现他手中的诗集。这幅画清晰地描绘了当时的法国女性时尚(图 113)。我们看到画家是如何使身体的比例符合所穿衣服的理想造型的。硕大的头颅因其高耸的头饰和面纱而进一步放大；裸露的胸部、乳房和肩部显得非常小，它们的造型非常精确，仿佛是精致的装饰品；宽大的腰带紧紧地束缚着腰部以上的肋骨，进一步缩小了上身躯干的体积；高袖孔紧身袖让手臂看起来更细长，外翻的袖口，使手看起来更大。

沉重的褶裙使女士的下半身变得更加丰满和修长，前方的裙摆被拎起，进一步放大了下半身。女士向后倾斜，长长的裙裾堆积在后面以平衡姿态。拎起裙子露出双脚，说明脚的重要性：穿着长而尖的鞋子的脚被故意露出来，使它们看起来很大。我们可以注意到，服装表面很光滑，线条简洁，袖子和腰带没有褶皱，裙摆的褶子像头纱一样笔直。头发没有露出来，没有佩戴珠宝，但女士的耳朵像装饰品一样出现在画面。貂皮镶边的拖裾像蛇一样盘在女士的身后，高高的帽子上装饰的黄金和宝石，是她服装上仅有的装饰品，每颗都离她的身体很远。

与艾克同时代的画家，遵循同样传统的汉斯·梅姆林，创作了一幅画作《夏娃》(*Eve*，图 114)，从画中我们可以看到一位优雅女士的衣着形象在原始诱惑者的裸体上留下的印记。这幅画描绘了大头、大手、大而正的脚，小而精致的乳房和肩膀，以及细小、呈圆柱形的肋骨，瘦小的手臂，我们看到了一个身材纤细的轮廓。下面是膨胀和拉长的腹部，当上身向后倾斜以支撑没有褶皱的裙子时，腹部隆起和向前推出，放低的背部向外倾斜以适应不

1　忒修斯（Teseida）：忒修斯是雅典国王埃勾斯和王后埃特拉的儿子，是火神赫菲斯托斯的后人。他智慧和勇气并存，又极富同情心，在雅典是最受欢迎的英雄。

图 114（右）

汉斯·梅姆林，《夏娃》，《圣母子登基三联画》右页的反面，约 1485 年。橡木板油画，69.3 厘米 ×17.3 厘米。艺术史博物馆，维也纳。

存在的拖裙的向后拖动。在这里，佛兰德夏娃的身体表面也很光滑，其线条与法国女士的裙子一样干净。佛兰德画家对夏娃精致的膝盖、脚趾和闪亮的头发的密切关注，与凡・艾克对其画中女士的珠宝头饰和貂皮镶边裙的密切关注相对应。夏娃的耳朵也出现在画中，成为点缀在她长发中的一颗天然宝石。

一个世纪后的威尼斯，出现在画中的女人，不再有纤细的肋骨或瘦弱的手臂，头也变小了，手或脚也缩小了，肩膀变宽了。保罗・维罗内塞在 16 世纪 60 年代为一位无名的红衣女士画的肖像（图 115）表明，此时，在人们眼里一位衣着优雅的女士的手臂上覆盖着一层厚实的软垫面料，她的手肘向外，这样既可以更好地展示其相同面料制作的锥形紧身胸甲，也可以更好地展示她苍白的胸部和肩部。这时的绘画作品也并不突出女性的乳房。15 世纪画作中明显圆润的小乳房逐渐被弱化，胸部逐渐被铺展开来，胸部和肩部看起来更

宽，更光滑，也更丰满和统一，只有领口后面的轻微凹陷显示乳房的存在。

这位女士身材高大，头相对较小，而她紧束的盘发更是强化了这种效果。如果我们试图从她的头的大小来估计她身体的垂直比例，我们可以看到，她厚厚的紧身胸衣的末端应该是与臀部齐平的，这样一来，裙子的腰线过低，从而使裙摆的垂坠不够优雅。但我们知道，在这个时期威尼斯宫女流行穿高台底的木屐，以便拉长腿部，这样她们的裙子可以显得更长，覆盖木屐，拖在身后，以此平衡她们的长胸甲与裙摆之间的比例。整套衣服让人看起来非常高大，出现在公共场合，会平添气势，也让她们的行走姿态缓慢优雅。

维罗内塞仔细描绘了这个女人衣着形象的装饰元素，从她一只可见的小手上的三个戒指开始，这只手上绕着珠宝腰带的长链。画中有很多值得欣赏的细节：红色天鹅绒袖子上华丽的镂空图案，繁复的蕾丝袖口，覆盖在她肩膀上的刺绣薄纱，宽大领口上的蕾丝边，以及在昏暗背景下闪闪发光的珍珠耳环，她的两条珍珠项链和巨大的珠宝胸针，悬垂在胸部中央。最后，我们还能看到她那件镶金边的红色紧身胸甲敞开的边缘在肚脐的位置陡然向下收拢，胸甲上狭长的白色 V 字露出了她里面的内衣。

雅克波·丁托列托为这一充满张力的肖像画提供了一个裸体版本。在归于他的名为《普罗赛尔宾和阿斯卡拉弗斯》(*Proserpine and Ascalaphus*)的画作中(图 116)，我们发现一个裸体女性形象，她半躺在灌木丛中，一个包裹在帷幔中的男性正在靠近她。这个神话中的裸体的形象显示出它对当前时尚的借鉴，头部也是小尺寸，胸部和肩膀尺寸很大，皮肤明亮

图 115（左）
保罗·维罗内塞，《一个女人的肖像》(*Portrait of a Woman*)，约 1565 年。布面油画，106 厘米 ×87 厘米。法国杜埃的沙特鲁斯博物馆。

图 116（下）
归于：雅克波·丁托列托，《普罗赛尔宾和阿斯卡拉弗斯》，约 1578—1580 年，布面油画，101.5 厘米 ×128.5 厘米。

光滑，腿和躯干被拉长了，手臂的姿态看起来很沉重。像维罗内塞一样，丁托列托也将手臂画得远离身体，以强调其粗壮，胸部点缀着乳头，显示乳房的位置。仿佛是为了暗示一件时尚的胸甲，丁托列托不允许有任何明显的圆形或凹痕来打断裸体躯干修长且带有衬垫的形体的流畅，它最终分为长而有肉的腿部，相比之下，女人的脚显得较小。我们能看到她的肚脐，暗示了裙腰的位置。

尽管她全身赤裸，但这个寓言人物的姿势看起来很僵硬，仿佛她仍然穿着一件隐形的大礼服；甚至在她的裸体上也有多种装饰。除了她的乳头，她的耳环，她的手镯，似乎还有蕾丝袖口，头顶的薄纱挂在她肩膀上，大腿上的悬垂物似乎就是她的裙子。为了将面纱固定在她整齐的发型上，她在头顶上戴了一枚小胸针，不是一枚戴在胸前的大胸针。这些显然不是丁托列托对维罗内塞的有意识的回应，但不可否认，两人对表达女性的造型和装饰表现出相同的品位，而这方面的品位也得到了许多当时的画家和赞助人的认同。

又过了一百年，在荷兰，重点再次改变。雅各布·奥切特瓦尔特（Jacob Ochterveldt）17 世纪 70 年代的画作（图 117），与我们在第七章看到的博尔奇的主题相似，不过这时他将视线集中在一位衣着光鲜的女士身上，她站立在维金纳琴前面。画家为了加强聚焦，将光线集中在她那由杏色缎面制作的裙子上，裙子的后背和裙裾由一双巨大的穹顶形和一条居中的凹槽构成。她的发髻和裸露的肩膀包含了相同的双重形状的视觉呼应效果，所以我们看到她的发髻和肩膀与服装的主要元素产生了共鸣。弯曲的绸缎片从她的背部垂下，在她的骶骨处会合，我们的视线跟随闪亮的穹顶形的裙裾之间的凹槽阴影——这真是她的廓形吗？设想一下，当她走路时，这条裙子将如何移动？

图 117（左）
雅各布·奥切特瓦尔特（1634—1682），《一个女人在演奏维金纳琴，另一个人在唱歌，还有一个人在演奏小提琴》（*A Woman Playing a Virginal, Another Singing and a Man Playing a Violin*），约 1675—1680 年。布面油画，84.5 厘米 × 75 厘米。国家美术馆，伦敦。

图 118
雅各布・约尔丹斯 (1593—1678),《吕底亚坎道勒斯国王向盖吉显示他的妻子》(*King Candaules of Lydia Showing his Wife to Gyges*), 1646 年。布面油画, 193 厘米 × 157 厘米。国家博物馆, 斯德哥尔摩。

这幅画极具情色吸引力，女士绸缎包裹的后背吸引着观众的目光，她却在全神贯注地敲击琴键，心无旁骛。画面中的其他对象，与她的背部形象相比，都显得无足轻重。我们甚至没注意到画中的其他人物。唱歌女士的脸和胸脯也没能激起我们的兴趣，她的身体处在阴影中，拉小提琴的绅士穿着深色的衣服，躲在更深的阴影中；两人都神情专注。但画家知道他能用这条大裙子的颜色、廓形和被穿着的状态引起我们的注意，两条狗围绕着裙子带有丰富暗示性的褶皱，玩起了相互调情的游戏。

雅各布·约尔丹斯(Jacob Jordaens)描绘了希罗多德[2]传说中的一个场景，画作似乎暗示，它是画家观看奥切特瓦尔特画中的女士后，心中产生的一个幻想。画中的人物也是这一时期荷兰的一个常见绘画主题(图118)。这个故事讲述了吕底亚[3]国王的故事，他喜欢炫耀妻子的身材，并允许他的部下偷看她脱光衣服上床，结果造成了极端的后果(这事被王后发现并招致了她的报复，她逼迫偷窥者谋杀了国王。因为按照吕底亚人的风俗，被人看到裸体是奇耻大辱)。画中我们看到了偷窥者、国王和自觉脱衣的王后。窥视是奥切特瓦尔特风俗场景画和约尔丹斯的传奇插图的主题，他们的画作为我们提供了一个理想的女性后视图，她看不到我们的目光。然而，约尔丹斯却表现了一种偷窥意识，画中的裸体王后转过身来看着我们，同时脱下了裙子和衣服，用一只手拂过她的臀部，向观看者示意——我们甚至能发现画面下方的夜壶。她的狗也在欣赏着她，与急切的偷窥者一起分享着这个令人兴奋的时刻。

王后的裸体似乎映射了奥切特瓦尔特画作中衣服的形状，她巨大的臀部支撑着结实的裸体上身，其倾斜的肩膀和丰满的手臂与弹琴女士所穿的露肩紧身上衣相匹配。我们可以感受到这个女性身体的重量，它的大骨头、厚实的肌肉和大量的脂肪，就像我们感受到弹琴女士衣服的重量一样，它的垂褶用衬垫和帆布加厚，衣服上部用淀粉上浆，并使用金属衣骨固定形状。这两幅画的画家都对女士的体重进行了渲染——体重是画中色情吸引力的重要部分，肉体的褶皱与绸缎的褶皱相互交融。

我们在上一章中指出，在19世纪前三分之一的时间里，优雅的女性放弃了高腰的新古典主义造型，开始追求沙漏型身材。由于肋骨和腰部被人为地缩进，对丰满和宽大的胸脯的强调变得更加明显，画家们急忙用这种模式将画中人物刻画得淋漓尽致。亨利·雷本大约在1814年创作了斯科特·蒙克里夫夫人的肖像画(图119)，他将美丽的模特置于黑色背景下，

2　希罗多德（Herodotus）：公元前5世纪（约前480—前425）的古希腊作家、历史学家，他把旅行中的所闻所见，以及第一波斯帝国的历史记录下来，著成《历史》一书，成为西方文学史上第一部完整流传下来的散文作品，希罗多德也因此被尊称为“历史之父”。

3　吕底亚（Lydia）：小亚细亚中西部一古国（前1200—前546年），濒临爱琴海，位于当代土耳其的西北部，其居民的语言为印欧语系—安那托利亚语，以其富庶及其宏伟的首都萨第斯（Sardis）著称。

图 119
亨利·雷本,《斯科特·蒙克里夫夫人》(*Mrs Scott Moncrieff*),约 1814 年。布面油画,76.5 厘米 ×64 厘米。苏格兰国家美术馆,爱丁堡。

这是一幅半身画像,她的肩膀披着一件暗红色的斗篷,手臂和手完全被隐藏起来。他将她的头转向避开强光,让她的半边脸和脖子处于阴影中,她眉毛上方的黑色卷发遮住她的双眼。

然而,雷本将她的头部转向身体的一边,这样光线就可以完全照射到她裸露的胸颈处和乳房的上方,穿过白色连衣裙的直领口。画家在两侧乳房的下面画上暗影,以显示其分离的形状,并为每个乳房画了一些轻抚的褶皱,他还为她身上的薄薄的丝带画上阴影,以衬托出两个乳房的形状。

她的衣服胸部以下很合身,在斗篷的黑暗内部显示出她的一侧凹陷的腰部,画家通过隐藏另一侧使斗篷更加缩小她的腰部。在胸部的位置,斗篷的白色衬里突然向外翻出,使她丰满的胸部变得更丰满。没有其他东西,没有传神的眼睛或手,没有漂亮的袖子,没有闪亮的耳环、胸针或项链,头发上也没有羽毛,即便是脖子上的卷发或衣服上的花边也不能分散人们对她胸部的注意力。在这幅画中,胸部是这位美丽的女主人公的主要装饰品。

几年后,威廉·埃蒂(William Etty)画了幅裸体维纳斯(图 120),对当时时尚中盛行的这种幻想做了回应,并宣称裸体模式是自然的。为了不让光线照到维纳斯的脸上，画家把她的头压低，摆出维纳斯诞生的站姿，手臂抬起，而不是把它们收拢或藏起来。这种姿势效果非常明显，光线自然落在她的乳房上，大而分离，乳头晕暗，下面勾画了阴影和光线的反射。她甚至也在低头欣赏着它们。

在维纳斯身体受光的一面，我们可以看到她和蒙克里夫夫人一样，腰部有明显

图 120
威廉·埃蒂（1787—1849），《维纳斯和丘比特》（*Venus and Cupid*），约 19 世纪 20 年代。镶板油彩画，80.8 厘米 ×39 厘米。罗素科特美术博物馆，伯恩茅斯。

的凹陷，肉体上留下一个小折痕，埃蒂通过加深另一面的腰部阴影来缩小其尺寸。维纳斯身材的线条表明她宽大的裙摆或许会遮盖住她丰满的大腿，但她上身的紧身胸衣可能比雷本画作中的胸衣更狭小。与他对维纳斯的身材，尤其是她的胸部所做的精心描绘相比，埃蒂的画作中的其他对象就算不上精细了。褶皱、背景，甚至丘比特得到的关注都很少，所以我们知道他最希望我们看到的是什么。

20 世纪有自己的新古典主义时期，大约在两次世界大战之间。现代人的品位开始在结构清晰、不加修饰的对象中发现更多的美，而不再沉迷于锻造装饰的造型，现代画家们正在将多变的自然现象简化和重组。在现实生活中，穿着衣服的女性身体变成了这样一个简化的轮廓，时尚把身体变成一个自然的统一体，人们的眼睛习惯于用简单的视觉成分来看待世界。女性的脸成为另一个这样的组成部分，它被当作一个面具呈现出来，面具上有轮廓分明的嘴唇和眼睛。化妆品现在被用来重新创造脸部，就好像它是一件当代艺术品，而不是为了强调其自然魅力。

在女性肖像画中，画家会将个人的形象与合适的女性身材相融合，在画家眼里，女人就是一根根活生生的柱子。凯斯·范·东根（Kees van Dongen）于 1931 年创作了肖像画《诺埃勒伯爵夫人》(*the Comtesse de Noailles*)（图 121），就是一个生动的例子。画家以现代版的传统服饰来展示这位女士。她穿着流动的白色绸缎，佩戴着耀眼的珠宝，肩膀完全裸露，并露出了一只鞋，就像鲁本斯，或者纳蒂埃，或者安格尔，或者约翰·辛格·萨金特等画家所描绘的人物画一样。值得注意的是，范·东根并没有像弗兰普顿描绘的大提琴手那样，把她刻画成姿态自然的新古典主义的纯洁形象（见图 90）：他的绘画模式受到传统绘画的影响，笔触

图 121（左）
凯斯·范·东根 (1877—1968),《诺埃勒伯爵夫人》，1931 年。布面油画，196 厘米 ×131 厘米。市立博物馆，阿姆斯特丹。

华丽，用心刻画出锦缎的美丽，表现出对过往圣人画像的效仿，例如对埃尔·格列柯的作品的效仿。他也效仿了委拉斯凯兹和弗兰斯·哈尔斯等画家的作品，塑造出许多巴洛克时代的优雅女士。

画中的这位伯爵夫人很古怪：她只戴了一只晚装黑色手套，她的手镯是松散地缠绕在手腕上的项链，胸前的吊坠是一枚奖章，一条宽丝带系在脖子上。受新古典主义的影响，画家让她垂下衣服的肩膀，这是古老形象的标志，暴露出腋下的乳沟和若隐若现的乳头，但她的躯干具有现代形状，呈现为各方面都很合适的圆柱状，这与弗兰普顿画的大提琴手（图 90）有相似之处。在那幅画中，没有突显臀部、膝盖或肘部，人物的姿态直立。没有凸出的乳房、腹部或大腿，保持着从肩膀到地面的垂直线，而几条闪亮的向下的条纹界定了穿着绸缎站立的腿。她整个人的宽度保持一致，没有变化；但在保持这种严格的、柱子一样的轮廓的同时，画家还是找到了另一种方法，用巴洛克式的笔触来描绘她衣服的褶皱，画面呈现了一个深色的巴洛克背景。在这幅肖像画中，正如他的其他作品一样，范·东根向我们展示了在图 111 中看到的现代妆容的脸，以及现代的无定形的身体。

1920 年，皮埃尔·博纳尔（Pierre Bonnard）推出了画作《站立的裸体》（*Standing Nude*，图 122），画作显示了画家对范·东根提倡的新的衣着轮廓的回应。博纳尔并没有放弃对成熟丰润的裸体女性的视觉欣赏；但关于当下对不成熟的外观的喜好，他加入了自己个性化的表达。我们首先可以看到时尚是如何影响博纳尔的眼光的，不难看出他通过模仿高跟鞋的效果来描绘模特的脚。此刻，女性的脚看起来比以前更引人注目，因为日装的

图 122
皮埃尔・博纳尔 (1867—1947),《站立的裸体》,1920 年。布面油画,122 厘米 ×56 厘米,私人收藏。

裙子已经永远地变短,女人的双脚总是暴露在外。当然,除展示腿部的性感外,裸体女性的美也包含情色的诱惑。

接下来,我们注意到模特垂下的左臂似乎压平了她的臀部,她的躯干线条更加笔直。最后,光带从模特的身体中央垂下,淹没了她的前腿,在她的后腿上留下一条细细的光亮线条。这条光带引导我们把人物看成一根狭窄的柱子,其中一半是腿。模特的乳房小而圆,腹部也很小,但博纳尔用较深的颜色和较暗的光线刻画了这些曲线,也塑造了她的脸。将博纳尔的垂直亮光笔触与范・东根的伯爵夫人裙子上的闪亮笔触相比较,不难看出博纳尔的笔触表现了时尚对裸体美的塑造。

第九章

穿出来的女人

CHAPTER IX

Woman as Dress

在上一章中，我们探讨了画家如何利用时尚来塑造女性的裸体。对这个主题，可以进行不同的探索，一些画家，尤其是在 19 世纪后期的画家，可能会把一个穿着优雅衣服的女人描绘得好像女人是衣服的创造物——除了画中那件时髦的衣服，她们的身体仿佛荡然无存。在那些把孤独、反思的女人与她的优雅服装融为一体的画作中，这似乎尤其正确，仿佛消除了画家的存在，也没有其他观看者。她所穿的衣服是画家根据时尚塑造的，但通过展示她的反思和孤独，画家表明时尚已经将她的身体塑造成一种自然的感觉，即使无人观看，独处一隅时，她也能感到自在，穿着它可以自由地追随个人的思想轨迹。画家因此进一步暗示，她那穿着时尚的身体与她的个人心态密不可分，就好像画面中的女人一样，要是没有时尚的衣服，她们就不会有个人的裸露，就不会有个人的身体，这就是她真正生活的身体。因此，这些例子提供了另一个图像暗示，时尚对女人来说是自然的，甚至是使她们变得更加自然的东西。

这些女性图像倾向于抵制崇尚优雅服饰的社会风尚或社会思潮，部分原因是其中的女性目光没有与观众目光对视——目光对视会让人注意到她自己、她的服装和她的处境。肖像画中的人物和非肖像画中盛装打扮的女士经常与我们的视线相遇，就像维米尔画中的女性人物一样，她们扮演着处女，但却看着我们，周围是一个精心布置的环境，直接增强了凝视的效果。当维米尔的表现对象的目光确实看向别处时，他会画她们正在倒牛奶、写作和读信、拿着吉他、平衡身体摆出姿势；但他从来没有画过一个女人什么都不做，只是思考。相比之下，这些19世纪末和20世纪初的画作中呈现出一种现代的幻觉，它以现代小说的方式阐述了女性内在状态的存在——它们有一种亨利·詹姆斯式[1]的气息。周围的物品似乎与沉思中的人物无关，不是我们理解她所必需的要素，也不一定与她的想法有任何关系。

叙事背景的缺乏是现代艺术关注的另一个问题，这在19世纪上半叶的浪漫主义作品中非常普遍。那些年在艺术家所画的肖像画中，通常是一位衣着光鲜，在闺房里沉思的孤独女性，她们或者在客厅里阅读一封带黑边的信件，或者身处户外故作沉思，如卡斯帕·大卫·弗里德里希的《夕阳前的女人》(*Woman before the Setting Sun*)，从后面看，这个女人穿着时尚的衣服，梳妆打扮，戴着耳环，直接站在我们和太阳之间，太阳勾勒出她的身影，她张开手臂，仿佛邀请太阳在下沉前照亮她的人生意义。在许多情况下，衣服可能是叙事的一个明确部分——丧服、婚纱或旅行服装。这幅画是一个有角色的场景，意味着至少有一个其他角色，通常有一个明确的标题。一些法国作品被称为“巴黎人”，画面上的主人公穿着优雅的服装上街，也许没有与我们的目光对视，但显然吸引了全世界的目光，穿着打扮登上世界舞台。以一种不同的精神，持续到后来的时代，某些画家会撇开所有明确的叙事情况或标题，坚持把穿着打扮的女性形

1　亨利·詹姆斯（Henry James，1843—1916）：英籍美裔小说家、文学批评家、剧作家和散文家。代表作有长篇小说《一个美国人》《一位女士的画像》《鸽翼》《使节》《金碗》等。

图 123（左）
阿尔弗雷德·史蒂文斯 (1823—1906)，《穿粉红色衣服的女士》，1866 年。布面油画，87 厘米 ×57 厘米。比利时皇家美术博物馆，布鲁塞尔。

象塑造为一种自给自足的形象。她的眼睛并不挑战我们的眼睛，只有她自己的穿着造型和气场，以及其氛围，向艺术家并通过艺术家向观众，暗示了她的可能性。

在阿尔弗雷德·史蒂文斯（Alfred Stevens）1866 年的画作《穿粉红色衣服的女士》（*The Lady in Pink*，图 123）中，主人公站在那里，双手小心翼翼地拿着一个小物件——是中国瓷娃娃或是日本娃娃——我们无法确定。按当时的标准，她的穿着可谓完美，腰线的高度、发型的倾斜度、裙子和袖子的修饰和形状都很完美。然而，画家通过巧妙的照明手段为她别致的形象赋予了深度。为了更好地看清她手中的物品，这位女士背对着灯光，灯光从右侧照射到她泡沫状的裙子上，突显了她最丰满的部分和她双袖中最有装饰性的部分。灯光也给她圆润的下巴和脖子带来了高度的光泽，仔细地勾勒出她粉红色的耳朵和手指，但她的脸部却留在阴影中。

脸部阴影是表示沉思的一种古老的绘画手段，这位女士小心翼翼地捧着手里的物件，陷入沉思，我们不知道她手中拿着何物——但我们能肯定地说她在为它沉思，她的思考状态一目了然。画中我们难以寻觅任何线索，确定她的所想所思，她似乎觉得自己精美的公共场合服饰与她的私人想法相互映照。对于画中的环境，我们也无法给出任何具体或连贯的猜想，尽管一些孤立的远东物件与一些西欧物品共存于画面阴影里。史蒂文斯邀请我们把这位女士也看作是一件珍贵的物品，但面对她全神贯注的脸和姿势，我们很难确定她是否把自己也看作一件物品。

她的衣服有丰富和众多的细节，但这一切似乎根本不在她的考虑范围之内，她的穿着不是为了别人的观看。相反，她穿着衣服的身体的舒适的完整性和整体性才是她所沉思的对象。就好像她不是一个女人，穿着带有裙撑的裙子，裙子下可能一丝不挂。在我们眼里，这种优雅的衣着状态竟成了她唯一的状态。我们不得不承认：她的身体是由这套服装组成的，难怪她在

1874 . COROT .

其中显得如此自在。上一章对裸体画的讨论从另一个角度说明了同样的想法——在那里，画面中的裸体脱胎于一件不存在的衣服，它的唯一真实性也来自于此。在这位衣着完美的女士的画像中，无论是她还是我们，在她的衣服下面很难找到可供参考的身体形态。这件衣服就是她的身体。

卡米尔·柯罗(Camille Corot)1874年创作的《蓝衣女子》(*The Lady in Blue*)，有时也叫《蓝色女子》(*The Blue Lady*，图124)，对这一主题的表述更为大胆，也更加模糊。这位女士左手松散地拿着一把扇子，靠在一件形状模糊的家具上，家具上铺盖着一大块布料，手肘靠在上面，用右手支撑着抬起的下巴。她的蓝色服装很符合当时的环境：长裙的长度和角度，裙子上的条纹，裙摆，腰部的线条，发型，都很时尚。她独自在艺术家的工作室，房间并不优雅——我们可以看到，左边放着画架；她那宽大的袖窿，露出了她的整个肩膀，如果她伸出手臂，就可以看到她腋下的绒毛，这在当时的时尚界是罕见的。在1874年，时尚的露肩装可以展示胸部和背部，但肩部总是被遮住的，衣服的臂孔被剪得很高很紧，这样就看不见腋下了。像这样暴露出肩膀和腋窝的上衣很罕见，往往需要在里面穿上女士衬衣。

画家坚持这个开放的袖窿，似乎是为了在展示一个衣着厚重的女人的时候，强调其光滑结实的肩膀和裸露的腋窝，强化整个手臂的裸露，以深度刻画女士的沉思，仿佛她是一位古典的Sibyl（西比拉，传说中能占卜未来的女子）。这幅画的风格也有一些普桑那种暗淡的表面冷峻，在这样的环境里，出现一位沉思的复古的人物形象并不令人感到意外。

她伫立在光线中，蓝色衣服背部很精致，手臂和太阳穴、颈部和拿着扇子的手都很亮丽，但她忧虑沉思的脸却留在阴影中。沉思的标志是手掌托着下巴，可爱而明亮的手臂将我们的目光引向它。她的眼睛深陷在阴影中：她在想什么？衣服创造

图124（左）

卡米尔·柯罗(1796—1875),《蓝衣女子》，1874年。布面油画，80厘米×50.5厘米。卢浮宫博物馆，巴黎。

了她唯一的身体，似乎暗示了她思想的内容——一套全蓝的长裙，沉重而曲折，饱满但朴素，无意间透露着情色诱惑。

柯罗画了很多忧郁的女人，她们大多穿着奇怪的服装，这些服装似乎是正常的欧洲服装与当地农民的服装和工作室服装的杂糅；也许其中一些服装是在绘画时直接发明并呈现在画布上的。在这些画作中，妇女看起来与她们日常的服装脱节，就像模特们所穿戴的衣饰一样。她们的服装对观众来说是无法定位的（既不能确定其年代风格，也不能确定其用途场合），是异类和异质的，她们严肃的思想同样缺乏真实感。

这个忧郁的女人是他为数不多的身着时尚服饰的画作之一，也是最引人注目的作品之一。在雷诺阿和德加的作品中，这样的衣服常常出现在完全不同的背景中

图 125（左）
托马斯·威尔默·杜温（1851—1938），《金衣女子》，约 1912 年。布面油画，61.3 厘米 × 46 厘米。布鲁克林博物馆，当代图片购买基金。

[见图 108 ；也可参见科隆瓦尔拉夫·裹里夏茨博物馆中雷诺阿的《希斯里先生和太太》(*M. and Mme Sisley*，无袖上衣下的紧身胸衣]，对此，我们有所了解。但在这幅画里，我们可以看到这个女人和她的衣服的深度融合，包括大胆裸露的腋窝，因此，我们更清楚地认识到她的个性，我们可以更多地感受到她不可猜度的心境。

40 年后，托马斯·威尔默·杜温(Thomas Wilmer Dewing) 大约于 1912 年创作了同一主题的画作《金衣女子》(*Lady in Gold*，图 125)。杜温画了很多衣着考究的女性，有时是两个或更多的人在一起，她们或在明亮的室外行走，或在室内一动不动地坐着，画中的气氛强烈，但没有明确的主题指向。杜温似乎想通过这些手段唤醒女性的内心世界，而不是刻意描绘她们的外表或行动，以此作为他真正的主题，同时他又坚持把她们当代的优雅作为她们心情和未知思想的一部分。为了这个特殊的画面，他回顾了伦勃朗的艺术，想办法调暗了光线，营造一个安静的思索场景。

这位女士坐在一张几乎看不见的木椅上，阴影中垂下一只手，另一只手拿着一把合拢的扇子，放在她倾斜的腿上。她的眼睑低垂；目光掠过她的膝盖，看向她看不见的双脚。这是一个成熟的女人，而不是一个女孩，她昏暗的彩色晚礼服代表她已经到了一个超越羞涩脸红的阶段。珍贵的物品就在她身边，它们放在一张任意摆放的桌子上，并非刻意安排，也不是画家有意为之，没有明显的使用目的，也不在她的视线里。上面有珍珠和一个瓷瓶，但没有镜子，显然不是一张放在卫生间的桌子。就像在史蒂文斯画中的家具一样，画面的背景是无法确定的。

她的裙子在闪闪发光的多重模糊中斜向滑动，塑造出一个几乎没有形状、笔直的身体，胸部低矮平整，臀部狭窄，因此她衣服轮廓上部饱满，下端收细。她的头发浓密而蓬松地堆在头顶，下方露出了耳垂。所有这些细节都构成了 1912 年的时尚风格，就像深弧形的肩部显示出空白的胸部、覆盖上臂的袖子、礼服颜色柔和如

虹彩般、剪裁随心所欲——在一天之中呈现出不同的效果，比如，你可以在克林姆特[2]画的女性中看到同样的模式。就像我们正在看的其他作品一样，这件连衣裙也有裙裾，裙裾覆盖了桌椅的坐垫和下方部分。

杜温巧妙地利用这些别致的元素，为这个坐着的女人营造了一种遐想的氛围，光线全部照在她没有任何装饰的胸部，仿佛照进她的胸膛，眉毛和脸颊也映照一些光亮。然而，画家没有对其进行阴影处理，而是模糊了她的下半张脸，暗示她在沉思时有一连串转瞬即逝的表情。这幅画中没有任何东西能说明她的想法，而她模糊的脸进一步表明，我们无法了解她的想法，也许她自己也不明白她的所思所想。

但是，就像我们看到的这位画家的其他作品，以及我们一直在讨论的其他作品一样，时髦服装是画面情绪的突出部分。画家再次展示了穿戴整齐的女士在沉思的孤独中与她的装饰品融合在一起。在这里，她沉思的身体由一个长长的昏暗的彩虹色的形状组成，与上面闪闪发光的皮肤倾斜开来；她就像穿着海藻类鳞片的美人鱼，对着一个阴暗的水下突起物沉思，没有注意到附近沉船的碎片。

贾科莫·巴拉（Giacomo Balla）在1902年创作的《露天画像》（*Portrait in the Open Air*，图126），也表现了这个主题。它非常清楚地显示了印象派的影响，特别是在画作的构图上。穿着白色裙子的女士显然正在走出画框，背后阳光灿烂，她行走在荫凉处，凝视着画外的景色，她正在离开画面——她似乎不知道自己身处画中，或许她正在逃避这种可能性。我们无法知道，但她的注意力肯定是离开了画家所关注的阳光街道，离开了画框中的绿色和那些开花的植物，也离开了画家本人。

为了方便行走，她一只手拽住裙子，把它拢在一边，抬离地面，这是当时的一

2　古斯塔夫·克林姆特（Gustav Klimt 1862—1918）：生于维也纳，是奥地利知名象征主义画家。他创办了维也纳分离派，也是所谓维也纳文化圈代表人物。他的画作特色在于特殊的象征式装饰花纹，并在画作中大量表现性爱主题。

图126（左）
贾科莫·巴拉（1871—1958），《露天画像》，1902年。布面油画，155厘米 × 113.5厘米。国家现代艺术馆，罗马。

个标志性动作，出现在当时许多绘画和摄影的街景中。这个手势使裙子的丰满度有所增加，勾勒出并突显女士的后背，她胸前的荷叶边突显了她的前胸。她以一种时尚的前倾姿势行走着，这就是著名的“吉布森女孩”[3]所特有的“S 形曲线”，这是世纪之交流行的插图和舞台的产物。画家让我们看到了她别致的白衣身影，就在她身后的紫色和绿色的木板上清晰地勾勒出了她的轮廓。她的眼睛是忧郁的，但她脸庞的下部是模糊的，所以我们看不到她固定的表情。

她的思想催促着她的行动，展示了她走路时的优雅体态，尽管她似乎没有意识到这一点，也没有意识到我们的目光。她的衣服，就像杜温画中的那件一样，被画成了闪亮的笔触网格，透着夏日的白色，仿佛衣服是能量的来源，是她所渴求的亲密元素，或许是促使她离开的原因。画中对环境的描绘也引人注目，就像在柯罗的作品中一样，周围的环境似乎与人物无关，我们猜想，对此，她也有所察觉，所以她决定走出这些环境。在一只黑鞋的引领下，她的衣服随她飘然而去，也随她思绪而去。

这一系列画作显示了 1866 年至 1912 年绘画的优雅风格的发展。史蒂文斯和柯罗都表现出对人物静态感的尊重，这种尊重在 19 世纪 60 年代和 70 年代推动了时尚服饰多种细节设计的繁荣——穿着衣服的女人就像一棵开着丰富花朵的树，或一个精心装饰的沙发。本章前面讨论的两幅画作中的女士，她们的裙裾是展开的，以保持其原样。世纪之交后，运动感，包括

3　吉布森女孩（Gibson Girl）：19 世纪 90 年代到 20 世纪初流行的虚拟时尚偶像。最初是美国人查尔斯·达纳·吉布森（Charles Dana Gibson）以他的妻子艾琳·吉布森（Irene Gibson）和他的姐妹为灵感创作的漫画角色。她拥有完美的沙漏身材，大大的眼睛与小巧的鼻子，总是穿着时下最流行的服装，她的表情永远高傲，动作永远优雅，以此彰显她的自信与不俗。当时，吉布森女孩成为许多女性模仿的时尚典范，爱德华时代的大多数时尚版画都可见吉布森女孩的身影。

光线在物体表面造成的运动感，已经成为女性优雅的组成部分，虽然对细节突显的程度无法与女性时装的总体轮廓相媲美。巴拉和杜温都展示了一个穿着时尚的女人，她的外形浑然一体，线条流畅，裙裾融入了其灵活的运动感。

所有这些女人身上的时尚服装都强调了其形状，这是她们最为关注的，而不是暗示在这些优雅的外衣的褶皱下，存在一个属于她们真实生活的非时尚的个人身体。通过描绘女人的这种非常隐秘的心态，画家们强调女人们穿上这些衣服可以更自由地独处，可以对自己的身体进行愉快的反思。所有的画作都表明，别致的衣服可以等同于女人的身体，不是强加在她们身外的东西，她们渴望摆脱任何外在的束缚，以获得思想的自由。相反，有的画作给人的感觉是，只有穿上华丽的服饰，女人才能获得自由；只有换上了自己真正的身体，才能成为真正的自我。也就是说，只有在穿着上获得自由，人们才能在任何环境下进行独立思考。

正如我们所指出的，时尚服饰的创造力是如此之强大，以至于裸体画家似乎也只能通过服装作为媒介来感知裸体，仿佛女性的身体除了这种服饰所创造的视觉现实之外，没有真正的视觉现实。在这些图画中，我们发现画家把女人优雅的穿着看作是她唯一的身体，缺乏身体的裸体感。此外，图画中的女性往往看起来心不在焉，不像那些正式的肖像画，没有标示她们的姓名和社会关系，尽管杜温和巴拉的画可能有标注。她们似乎都决心保持匿名，无论是对画家和还是对公众都漠不关心，似乎在宣称，她们所穿的华丽服饰并不是为了画画而故意为之。

这样的图画在后来有了回响，在20世纪40年代和50年代的经典时尚摄影中，一个身着华丽礼服的匿名的模特摆出了远离观众的姿势，也许是在看她拿着的东西或在看画面外的东西（图127）。诺曼·帕金森（Norman Parkinson）的这个

例子显示了绘画的光线是如何为一个孤独的、穿戴整齐的、无所事事的女人照片增加戏剧性情节。在这里，室外的阳光照在人物的正面，以至于我们能看到衣服的细节，因为它也投射到精致房间内的昏暗处——这位穿着舞会礼服的飞蛾般的女士，似乎在寻找阳光。她把脸靠在交叉的双手上，靠在窗框上，从空荡荡的沙龙里向下凝视着阳光世界。画中没有叙述——她为什么穿成这样？画中可以看出杜温的影子，柯罗的影子，史蒂文斯的影子——所有这些影响都展现在这条非常时髦的连衣裙上，它不是女人所处的环境的一部分，也不是一天中某个时间里所发生的事件，而是一种与作为女人自身不可分割的存在。

这条裙子属于它自己的时代，展示了20世纪中期舞会礼服最令人震惊的创新。完全无肩带的紧身胸衣在1938年之前还没有出现，当时正在发明支撑它的内衣；而这张大约在十几年后拍摄的图片显示了克里斯汀·迪奥(Christian Dior)对它的全面发展。现代的露肩设计完全解放了手臂和腋窝，因此它们现在与肩膀、胸部和背部结合在一起，一直到头顶，构成一个单一的暴露元素。在这里，摄影师将所有这些都表现得淋漓尽致。裙子似乎是向上掠过，将其展开的褶皱越来越紧密地集中在一起，逐渐缩小和收紧，使腰部变细，最后将胸部、手臂和头部作为顶部的一朵奢侈的花，平衡了下面的大花瓣。

拍摄这条裙子更多的是为了渲染一种氛围，而不是为了展示它的结构特征。它与穿着它的女人相融合，具有专属性、完美性和暗示性，左前方裙下露出的鞋和脚，也美艳惊人——画面的细节远不及这件礼服所带来的影响。其结果不是刺激女性拥有这件衣服的欲望，而是让更多女性渴望成为照片中的女人，这就是观众心中的幻想——也就是说，成为一个艺术家想

图 127（左）
诺曼·帕金森（1913—1990），《迪奥的“莫扎特”连衣裙》（*‘Mozart’ Dress by Dior*），来自 British Vogue，1950 年 5 月。照片，康泰纳仕，纽约。

象中的女人，照片充分展示了设计师的精湛技艺，他给剪裁的实际成就赋予了现实的维度，塑造了这个女人的形象，她的存在，影响极大，成为当下优雅的标志。

像这样的高级时尚摄影表现了女性的持续信念，即这样的衣服可以完美地创造她们，可以让她们自由地成为自己，就像灰姑娘在舞会上成为真正的自己。在这样的照片中，它不一定是一件舞会礼服——它可能是一件完美别致、惊艳合身的套装，它显示服装可以造就女人，也完美地塑造了女人，让她自由地行动和思考，她的身体是由现在完美的服装创造出来的。在这个世界上，人们认为引人注目的时尚细节主要适用于女性，艺术家们也注意到它们在女性内心生活中所产生的力量和想象力——在绘画和电影中——许多作家也注意到了这一点，无论是在本章所涉及的时期，还是以后的世纪，他们都在思考女性的主体性。这是对时尚的主观看法，认为它不是专制的，而是赋予人力量的。

这种力量不同于女性对男性的诱惑力，通常来讲善于打扮的女性，对男性情感更具影响力，在我们所讨论的画家中，以及自荷马以来，几乎所有的作家，都对这种影响力进行过许多深入的探讨。在他们眼里，完美的女性装束被视为一种强大的力量，而且他们中的大多数认为这种力量具有诱惑性。为了表达这种观点，在画作中，女人的目光会盯着我们，或者看起来很自我，就像布瓦伊所绘的女士那样眺望远方（见图 84）。然而，在这两种观点中，时尚创造女性身体的看法仍然占据主导地位。对男人来说，时尚可以增强真实存在的诱惑力；对拥有它的女人来说，时尚赋予她们更好的东西，身体与时尚两种物质相互融合，优于任何一种创造。

在所有这些图画中，我们还可以看

到，一个穿着时尚的女人的图画能够超越那些直接展示的表面优雅，产生了一种隐晦的躁动暗示，一种潜藏的渴望，这似乎是我们为何一直盯着那些衣着光鲜的女人背后的隐秘动机——甚至似乎是时尚不断变化的核心所在。可以说，从总体上讲，它就是藏匿在一般的现代性后面的暗流——不断追求、渴望不同的东西，也许是更好的东西，追逐生活和艺术中的新东西以及一种让人感受到自由的新形式。这些精美的衣服不断更新，但任何更新都是暂时的。每次推陈出新都给身体以某种临时性的强调，作为对抗之前的临时性改变。它们所代表的自由就是时尚本身所推崇的自由——那就是不断地向前运动，不停地改变，抵制僵硬和停滞，不断寻求新的方式，尝试新的组合来完成时尚的不断颠覆和重塑。

女人虽然被固定在一幅画中，但仿佛被卷入无尽的潮流中。在这一系列图画中，我们可以看到艺术家们总是期望在穿戴整齐的女性身体上呈现新形状，以表达现代人的愤懑情绪，就像一个深思熟虑的女人会穿上一时别致的衣服。在画家的笔下，女人与她的裙子融为一体，仿佛她和裙子一起思考着没有尽头也没有答案的未来。

第十章

形式与感觉

CHAPTER

X

Form and Feeling

到1900年，欧洲画家越来越着重地提醒观众，画作中的衣物和其他形象都是在平面上由颜色组成的有机体。他们开始尝试对非常古老的艺术策略进行新的运用，这些策略在古希腊的彩绘花瓶、古埃及的彩绘墓葬，以及在18世纪日本的鲜艳彩色印刷品上比比皆是。他们对传统有了新的认识——包括那些在欧洲晚期和中世纪流行的传统——在这些传统中，艺术家们把服装和身体作为整体风格的一部分来表现，任何栩栩如生的表现都依赖于形式系统的作用。现代画家们为了风格的发展，提出了很多新的形式，每个人都有自己的方式，在他们的创作中不断借鉴这样的例子，包括自由地借鉴那些距离现代欧洲时间和地点都很遥远的文明。

服装的形象从现代加工中技术的发展中获益良多。弯曲或锯齿状的边缘，灵活多变的形状和空间，不受约束的色彩使用，精确、粗犷或模糊洒脱——所有这些技艺丰富了艺术的表现形式，增加了感官和情感表达的深度，因此，服装能够对身体、姿势和姿态进行新的渲染。针对时尚的表现，在当下，艺术家们获得了更大的自由空间，他们可以重新创造世界，能借此机会为世界注入个人视野和特异的表现形式，根据个人的驱动力和需求，一次又一次地刷新我们对世界的认知。

图 128
亨利·德·图卢兹·劳特累克，《坐着的女丑角》，出自画册 *Elles*，1896 年。蜡笔、画笔和四色溅射石版画，52.5 厘米 × 40.4 厘米。大英博物馆，伦敦。

在新的绘画术语中，衣服可以被渲染成奇怪的补丁，它们类似于手或鼻子，花朵或树叶；身体可以分离出来，作为服装的一个元素，或者将分离出来的服装作为自然的一部分，这样就可以在画面上添加一张更强大的情感网，更能勾连画面之下隐匿的情色层次。这样的安排可以进一步提醒观众注意现实生活中的这种相似性，或者这种相似性并不出现在过去的幻觉图像中。服装可以在艺术中出现，因为它能体现审美和情感生活中的真实价值，它与身体和面孔具有同等的价值，有人认为相比物质生活的其他方面，服装更具欺骗性或轻浮性，提供的只是一些无足轻重的趣味，这种认识是毫无道理的。

在亨利·德·图卢兹·劳特累克 1896 年的石版画《坐着的女丑角》(*Seated Clowness*, 图 128) 中，主人公张开的双腿、倾斜的裸露手臂和巨大的黄色流苏上的爆炸性边缘，为画作增添了新的表现方式，给画面涂抹上了重重的情色色彩。由于刺眼的黄色、蜘蛛般的黑色和模糊的象牙色并置，相比摄影来说，这幅画作对环境和人物的呈现具有更强烈的自然主义色彩——它更有电光石火的感觉，因为除了冷色调的玫瑰色和棕色平面提供的布景，以及一对过路的夫妇，背景中并无其他。

画面中央，小丑交叉的双手形成了一个黑色的三角形，放在她的胯下，恰似一簇假的阴毛，为怪诞的白色发髻下那张狡猾的、素描般的脸增添了一种辛辣的感觉。鲜明的形式对比和简明的构图为画作

图 129
费利克斯・瓦洛顿（1865—1925），《谎言》，1897 年。画板油画，24 厘米 × 33.3 厘米。巴尔的摩艺术博物馆，科恩收藏。

增添了表达强度——劳特累克从日本版画家那里学到了很多东西——包括利用服装给姿势带来夸张的堕落感。通过劳特累克神奇的画面合成，我们可以看到这个环境是平庸和肮脏的，这套服装是粗俗和无趣的，这个女人是衰老和丑陋的；但这幅画却表现了三种感觉：性感、振奋和美丽。

费利克斯·瓦洛顿（Félix Vallotton）1897 年创作了画作《谎言》（*The Lie*，图 129），它是另一个由形式创造的时装剧的精彩例子。情欲的表现一目了然，人物背景是资产阶级的，绘画主题涉及通奸，我们不知道谁在说谎。男人和女人分别穿着黑色和红色，他们的形状缠绵交融，一只黑色和一只红色的脚伸了出来，他的手搂着她红色的腰，她的手挽着他黑色的肩膀，他们的另一只手相互握着，靠近脸庞。他的腰向前倾着，她的腰向后仰着，他黑色的腿放在她红裙的两侧——这两组衣着形状都有清晰的边缘，不反射光线，也没有细节，他们交织在一起，但他们的关系是确凿的，被定格在画中。她左下角的红鞋上有一个小小的黑扣，与中间男人的一只黑鞋相呼应——我们注意到画面中，他们两人只现出了两只脚——并与右边鲜红的椅子上的黑红玫瑰相呼应。

椅子、桌子和沙发在画面中间形成了连绵起伏的海平面形状，从紫红色沙发到明亮的椅子和桌子，没有停顿，没有细节。两条苍白的桌腿在他们掀起的裙摆下分开，以回应他分开的两条黑腿。房间里的颜色从紫红色到深红色，再到粉红色和白色；所有这些红色的都是以曲线的方式呈现，与背景中墙上的垂直线条形成对照，它们把花、家具和墙纸都卷入了戏剧的流程中，支持并强化了红连衣裙的绝对红色。我们感觉到这是红衣女郎的房间，墙上的条纹似乎随着她的心脏不均匀地跳动而跳动；我们看到，西装男可能是其中的黑色毒素。

自 19 世纪中期以来，绘画中的两性关系发生了变化。这个黑衣男子并不像我们在第七章讨论的那些人那样显得收敛，他和红衣女子像阳和阴一样交媾。大约 15 年后，我们可以从一幅时装插画中看到，对待男女关系的态度，人们有了更为激进的转变，同时也显示了致力于时装的插画艺术所表现的新优雅（图 130）。这幅画看起来比 19 世纪 80 年代和 90 年代的任何作品都更像一幅现代绘画，当时的时装插画与前卫绘画没有任何相似之处——尽管前卫艺术家从 19 世纪 60 年代起就一直在

图 130
未知设计师，《系列套装》（*Costumes pour un ensemble*）第 121 页，选自 Journal des Dames et des Modes, no. 54, 1913，时装版。澳大利亚国家美术馆，堪培拉。

从平庸的时装插画中盗取视觉元素。

现代时尚和现代艺术在 1914 年之前的时期就表现出了一种新的协调。诸如瓦洛顿这样的现代画家在图画中赋予了服装新的重要意义，强调了风格化的形式所能赋予的心理力量。他们的作品推动了时尚艺术的现代化，并有助于提高时尚本身的审美水平。绘画中风格化形式的展示鼓励了这样的想法：衣服和椅子，或者汽车和西装，都可以按照类似的视觉原则来设计，就像现在艺术作品所表现的那样。时尚作为艺术潮流的一部分，和艺术一样，它致力于对象外观表现形式的风格化，无论其对象是自然的，还是人为的，实际上，服装设计同样需要严肃的审美思考。自此，时装设计师在历史上第一次赢得了公众声誉。

长期以来，时装插画一直是一种次要的商业图形媒介，与艺术或设计的潮流没有任何联系。它不被重视的地位无疑导致了长期以来对时尚审美本身的边缘化思考——在一些古老的插画中，时尚没有建立自己的美学地位。在 20 世纪前四分之一的时间里，法国的时装插画师开始采用前卫绘画和版画的主题和形式，他们的作品——服装被赋予了一些幻想的标题，就像它们是艺术作品一样——出现在致力于推广新艺术的著名杂志上，同时也可以作为前卫舞台布景和服装设计的图像。伟大的服装设计师保罗·波烈[1]通过时装插画提升了自己的名气，他鼓励艺术与工艺的重新结合，聘请著名画家拉乌尔·杜菲[2]为他专门设计印刷面料，并特意聘请了美术学院的毕业生将他的设计以现代石版画的形式表现出来，他将这些设计印在制作精美的小册子上。形式上的抽象性同时影响着艺术、时尚和设计，改变了实际物品和真实服装的外观，以及它们的各种表现形式，并改变了公众对物品和形象的看法。

对形式的追求，带来了一个新的影响，在穿戴整齐的男人和女人之间创造了一种新的视觉和谐，正如我们从这幅法国时装插画中看到的那样，他们开始被描绘成相似的狭长物体，恰似花园墙上那些石瓮刻画中的人物，造型优雅。然而，这种形象的出现可以追溯到第一次世界大战之前：男人和女人同样优雅，他们的衣服也同样讲究，人们并不追求舒适和实用等理想。此时，人们对性别平等的认识还未确立；对男女形象视觉相似性的表达完全来自第一次世界大战时的时尚影响，即模仿不变的男性廓形来创造女性的廓形。

然而，插画显示两性在时尚审美方面有着极大的默契，他们的体形和大小基本相同，甚至连他们的脚（带鞋垫）、手势和道具都是相同的。他们一起凝视着光秃秃的树枝，他们的衣着有着相同的深色。不过，她身上有毛皮装饰，戴着天鹅绒帽子，一双弯曲的高跟鞋，这些是他所没有的，但她的裙子看起来像一条裤腿。他的裤腿则明显分开，就像在瓦洛顿的作品中

1 保罗·波烈（Paul Poiret, 1879—1944）：20 世纪初期，当时在服装设计中最具有影响力的设计师，出生于巴黎，1903 年创立了自己的时装公司，并引领了 20 世纪前几十年的时装界。他于 1944 年在巴黎去世。当时巴黎所有的魅力元素均在他的设计风格中有所体现，他的设计启发着设计师和艺术家们的灵感。

2 拉乌尔·杜菲（Raoul Dufy, 1877—1953）：法国画家，是多元化创作的艺术家。他擅长风景和静物画，早期作品先后受印象派和立体派影响，终以野兽派的作品著名。其作品色彩艳丽，装饰性强。他的作品除了绘画，还在挂毯、壁画、纺织品和陶瓷设计中被广泛采用。

一样；但在1897年那幅画中，那对男女，热情相拥，绝不会欣赏这幅时尚画中所描绘的男女关系，淡淡的伙伴关系（cool fellowship）。这是一个新的幻想，成为此后数十年人们追求的目标。

这幅1913年的插画进一步表明，时尚，尤其是以其形象进行宣传的时候，往往预示着潜在的社会变革。就在此时，英国著名的妇女选举权抗议者潘克赫斯特夫人（Mrs Pankhurst）因其积极的抗议活动而经常被关进监狱。1926年，英国妇女终于获得了投票权，美国妇女早在1920年就获得了。然而，这幅画是法国的时装插画，反映的是法国的性别观念，法国妇女直到1946年才获得了投票权。男女设计的相似性，体现了在性别问题上出现的某种雌雄同体的新认知，而不是源自对性别政治平等的兴趣。对此，时尚体现了预言性。

爱德华·维亚尔(Edouard Vuillard)从小就对布料痴迷，在他母亲的家庭制衣厂里，他在长长的布料堆中长大。他在许多画作中使用了布料的印刷或编织图案，表现的不仅仅是衣服；他甚至似乎吸收了一种感觉，即这些最初的服装元素是自然界的基本元素，一码雏菊图案的棉布就是一片花田。在这里，画家的《散步的年轻女孩》（*Young Girls Walking*，图131）展示了一处绿色的灌木丛，两个穿着不同图案裙装的女孩出现在画框中。构图紧凑，又是一幅强调平面图案的佳作，她们是一对纠缠在一起的情侣，表达了亲密的关系，画中没有激情的波澜，却洋溢着青春的冲动。两个女孩的衣着都有现代的管状外观，腰部凸起并略微凹陷，我们可以在时装插画中看到这两个人物；但在这里，她们的衣服、户外场景和她们自己年轻的身体都被置于亲密的关系中，以表现她们所承载的巨大的心理负荷。

维亚尔在深蓝色的衣服上画出浅蓝色的花朵，让这个拥有双重蓝色的女孩在这个绿色的场景中越加突出，她脸颊上挂着微笑，扬起金黄色的头，一只手挽着另一个女孩的腰，以示鼓励，这些刻画充分体现了她的主导作用。同时，画家也将她的整个身体与邻近的灌木丛场景相交并融，灌木丛中的叶子是绿色的，似乎在地上铺满深色绿影；她的手是苍白的，与灌木丛

图131（左）
爱德华·维亚尔(1868—1940)，《散步的年轻女孩》，1891—1892年。布面油画，81.2厘米×65厘米。国家画廊。

图 132

巴勃罗·毕加索（1881—1973），《带鸽子的孩子》，1901 年。布面油画，73 厘米 ×54 厘米。国家美术馆，伦敦。

下草地上的几片苍白的叶子相映照，她袜子上的垂直条纹与同伴身上的垂直线条相映成趣。蓝姑娘、绿树丛、绿叶草，蓝姑娘正在凝视的左上方的块块白板，它们是什么，无法辨认，所有这些凝聚画面，构成一幅快乐的、类似织物的图案，画与自然的融合，难分彼此。那个笨拙的棕黑条纹的黑发女孩，低着头，脸上露出不安，伸出手肘，她的丝袜以横向条纹束缚着她的脚踝。但是，进入画面的四只穿黑靴子的脚，催促着这两个青春期的女孩沿着小路携手前行，期望尽快走出这个不安的时刻。衣服在这里通过不同色彩的表达设置了情感基调，它们分别将穿着者的精神与周围的世界联系起来。

艺术中的儿童服装的发展经历了一个漫长而复杂的历史。儿童服装的外观总是取决于画面中的儿童是如何被感知的，这不仅涉及画家自身的理解，也涉及他对世界的理解。在18世纪下半叶之前的贵族肖像画中，儿童时尚的变化很小，只有朝代间的差别，相对于他们的生活，衣着对儿童来说并不重要，重要的是他们会继承遗产和完成婚姻。然而，从那时起，无论是在肖像画还是风俗画中，对于他们服装的描绘，更为强调的是突出他们的童年状态。实际上，儿童服装也有自己的风格，与成人所穿的衣服有所不同，有时与之相似，有时与之相悖，或多或少能够反映童年状态和儿童的性别差异。在艺术领域，由于儿童在肖像画中穿的奇异服甚至比成人更多，这些差异因此变得更加复杂。

巴勃罗·毕加索（Pablo Picasso）的《带鸽子的孩子》（*Child with a Dove*，图132）画于1901年。就在这位年轻艺术家于1900年首次访问巴黎之后，就显示出对劳特累克、梵高，特别是高更作品的痴迷。这幅画充满了原始的凝重感，尽管它有吸引人的甜美感，其中白色的长裙、绿色的大腰带和系带的小鞋一下就能抓住人们的眼球。其他珍贵的细节有：双手捧着的小动物、地上的玩具、可爱的小脸蛋上的红唇和长长的睫毛、一只普普通通的小耳朵。虽然就任何一个细节来说，都不具有令人折服的完美。但神色凝重的人物让人肃然起敬，仿佛毕加索在召唤神圣的奥秘，他追随着高更的足迹，穿梭在太平洋诸岛间，漫步在布列塔尼乡村。画中戈雅的影子也非常明显，包括不均匀的背景分割线条，以及戈雅时代流行的白色礼服，但毕加索的这件礼服朴素的形式感超越了戈雅或高更。毕加索画中简约的白色给人物带来了圣像般的味道，那双捧着鸽子的双手，僵硬的双脚，每个形状周围都有淡淡的黑暗轮廓，神圣感油然而生。

这条裙子非常简洁和合身，20世纪初小孩子衣服的外观倾向于臃肿，高高的领子，层层叠叠的衣服，如毕加索在20世纪20年代初在他自己的小儿子保罗身上画的那样。然而，在这幅画里，艺术家让我们看见了在布莱克画作中常见的那种超凡的裸体画风，继米开朗基罗和蓬托尔莫之后，他给这个女孩穿上了这样的衣服；而这件衣服本身与他在1901年绘制的另一个站立的孩子（《母与子》，*Mother and Child*，私人收藏）所穿的衣服并没有什么不同。在那幅画里，小男孩双手紧握，画中的女人看起来像14世纪的圣母，全身上下罩着蓝色的长袍，抚摸着那个男孩。画中的这个女孩也有类似庄严的宗教形象，鸽子更是突出了宗教形象，即使画面中出现了绿色的腰带和多色的玩具，但并未削弱画作的宗教色彩。在这里，我们再次看到中世纪绘画的影响所在，意大利的圣母形象来自那个时代，类似于早期的希腊圣像，古代艺术仍然有其生命力，仍然经历着形式上的演变，其基本精神未曾改变。看看一幅大约绘制于1260年的翁布里亚[3]圣母子像（图133），从中不难发现它与毕加索的作品，以及20世纪初其他一些不断演变的画像之间有着某种相似之处。

在圣像画中，有一种明显的尝试，那就是将几代人之前的作品作为幻觉进行风格化渲染和还原，并创造性地使用在当下的平面绘画中。到现在，传统的图像早已脱离了最初表现三维幻觉的目标。然而，脸部、手指，特别是褶皱对我们来说都是可以识别的，它们是从很久以前的写实艺术中提炼出来的，而不是直接从现在的现实图像中抽象出来的视觉形式。在新的图案设计中，这些来自古老艺术遗产的元素获得了新美学价值，得到认可，有助于在

3　翁布里亚（Umbria）：意大利中部地区，翁布里亚画派的发源地。

图 133
翁布里亚，约 1260 年，《圣母与儿童》（*The Virgin and Child*）。木板淡彩画，32.4 厘米 ×22.8 厘米。国家美术馆，伦敦。

这个新图像中产生一种强化的现实主义。

在毕加索塑造这个儿童形象时，在他现代化的目光背后，似乎隐藏着一个古老的标志性模型，就像圣母画像一样，是一个从早期的现实主义传统中提炼出来的创造性例子，而不是一个全新的现实主义发明。同样，一幅真实的（如果是传说中的）圣母画像——据 8 世纪东方基督教神学家大马士革的约翰（John）所说，这幅画据说是福音书作者圣路加[4]本人依据生活画出来的，其实是参考了 1 世纪希腊罗马的自然主义风格画出来的，据说所有东方基督教的圣像都是从这幅画中衍生出来的，一次复制数百份，复制了数百次——对此，这位翁布里亚大师本人就目睹过无数版本的圣母画像。我们在第一章中看到了希腊

4　圣路加（Saint Luke）:《圣经新约》中《路加福音》（*Gospel of Luke*）和《使徒行传》（*the Acts of the Apostles*）的作者。

图 134
阿梅迪奥·莫迪里阿尼（1884—1920），《小农夫》，约 1918 年。布面油画，100 厘米 ×64.5 厘米。泰特，伦敦。

古典雕塑和 13 世纪托斯卡纳[5]圣像之间的比较（见图 3、图 4），这表明古代的褶皱可能逐渐转变为中世纪的褶皱，从而被带入新的风格。

在这两幅圣母的画作中，圣母的手指的外观都很突出，脸部也是如此，尽管其中的服装有所不同。玛丽的古典帕拉（palla，一种作为外衣穿的长围巾，是一种礼仪性的女性服饰）作为写实的褶皱，垂在她的胸部和头部，那些曾经作为古典男性服装的褶皱也垂坠在男孩基督的身体

5　托斯卡纳（Tuscan）：意大利一个大区，其首府为佛罗伦萨。

上，现在褶皱演变成了风格化的图案，恰似彩色的河流和漩涡，显示了纯粹的绘画美感，表示了对圣像神圣性的尊重。毕加索以一种继承自早期简化和神圣化现实形象的方式，简化了衣服和腰带，并让它们的形状和轮廓更清晰，再加上羽毛和鞋带的装饰性笔触，这些都为美化孩子的现代形象。

一种类似于圣像的构图风格出现在20世纪初的其他作品中，这些作品刻画了人物的衣着，这些衣物的描绘体现了现实主义的技巧，其实这些绘画作品表现的原始构图模型也是经过了漫长时期的提炼才得以发展的，就像圣像一样，体现了同样的浓缩。这种图像具有某种荣誉性和纪念性，但就其主题而言，没有增加任何明确的神圣性。阿梅迪奥·莫迪里阿尼（Amedeo Modigliani）大约在1918年创作了《小农夫》（*Little Peasant*，图134），这是一幅反映普通人的传统肖像，在几个世纪的艺术史中不乏这样的主题，画家依据这个主题，采用类似圣像的外形，画出了拥有抒情性的人物，包括勾勒脸部的一组线条。这幅画可称现代圣像，它比毕加索的人物画更精致，遵循了佛罗伦萨人在15世纪而不是13世纪创作的圣像人物的描绘方法，显得更细腻，更清晰。

这件弯曲的上衣和背心有一种精致的意大利风格，在这件无领衬衫上自然地敞开，帽子是黑色的，与意大利文艺复兴时期的肖像画中的简单黑色帽子一样，与头部保持平衡。他那双火腿般的手，裤腿膝盖处打着补丁，这些细节明白地告诉我们他的农民身份。对这些缺乏精致的细节，假如委拉斯凯兹或伦勃朗也加以关注，他们一定会对这些粗糙的细节赋予一种内在的视觉重要性。但莫迪里阿尼给农民的双手赋予了简单的、类似于马萨乔的外观，将它们置于一个标志性的中心位置；他巧妙地使补丁与长裤膝盖的纹理融为一体，使这个农民张开的双腿内线成为一个对称

扇形的拱状结构，韦罗基奥[6]可能是这种画法的创造者。在14世纪初的一幅圣像画中，类似的扇形饰边门甚至出现在圣彼得所穿的长袍的边缘（图135）。莫迪里阿尼以圣像的形式构思了这个小农民的形象，构图本身就体现了优雅，为其注入一种近乎于宗教的尊重——通过联想这些圣像画，人们不由得对其原本卑微的主题产生一种敬畏之情。

亨利・马蒂斯（Henri Matisse）1937年的《蓝衣女子》（*Woman in Blue*，图136）表现了相同的理念，是一个更接近现

6　韦罗基奥（Verrocchio）：安德烈・德尔・韦罗基奥（Andrea del Verrocchio，约1435—1488），是文艺复兴早期意大利画家及最著名的雕刻家之一，也是15世纪下半叶最具影响力的艺术家之一。

图 135（左）
拜占庭时期，约1320年，《圣彼得》（Saint Peter）。杉木淡彩金箔画，68.7厘米×50.6厘米。大英博物馆，伦敦。

在、更成熟的版本，他以标志性的方式描绘了具有清晰轮廓的平面形状，使一个穿着单一颜色衣服的女孩形象具有了一种神圣的存在。画家制作了一个充满欢乐的图画，刻画了一个坐在沙发上微笑的美女，她的头在花环的映衬下显得格外轮廓分明，其黄色的爆炸形外观甚至让人想起劳特累克的狂欢小丑的衣领。但这件衣服却具有圣母般的蓝色力量，严肃、高贵和稳定。胸部褶皱在中央垂下，恰似两条分开的白色河流，在裙子上飞流直下，看起来像中世纪绘画中的彩绘，神圣威严；它们似乎不是任性的装饰物，而是为庆典而设计的，与沙发宝座上的金色扶手和红色侧面相呼应。勾画在黑色和红色背景区域的白色线条似乎与第一章中讨论的圣像中的金线并无二致（见图3），这是一张光学闪光网，用来装饰崇高形象的符号。甚至女孩的手指也保留了简单的、类似于圣像的形状，在这里被放大了，像展开的衣服一样，非常硕大。不过，画中也有一些现代添加物，类似于毕加索的玩具和腰带，成为画中的快乐元素，粉红色的手放在裆部，上面缠着项链，非常显眼，另一只手是白色的，在上方支撑和指向头部，两只手形成了鲜明对照。像毕加索画中的人物一样，嘴唇也是红色的。

在现代，人们常使用平滑弯曲的平面形状来刻画人物的衣着，其形状可以表现足够的空间复杂性，这些形状似乎也是从比中世纪晚得多的绘画传统中抽象出来的。在瓦妮莎·贝尔（Vanessa Bell）大约1913—1916年的《对话》（*Conversation*，图137）中，前景的女人用时尚的包裹斗篷遮住了她的脖子和肩膀，形成了丰满的棕色和赭色旋涡，与左边的女人所穿的低调的黑色衣服形成对比。第三个女人在后面，成为第一个女人的陪衬，两个人的身影都被衣服包裹着，戴着帽子，与面对她们的无帽女人相对立，后者以一种急切的、光着脖子的、空着手的姿态向前俯身。对于衣服上所有的褶皱和色块，在

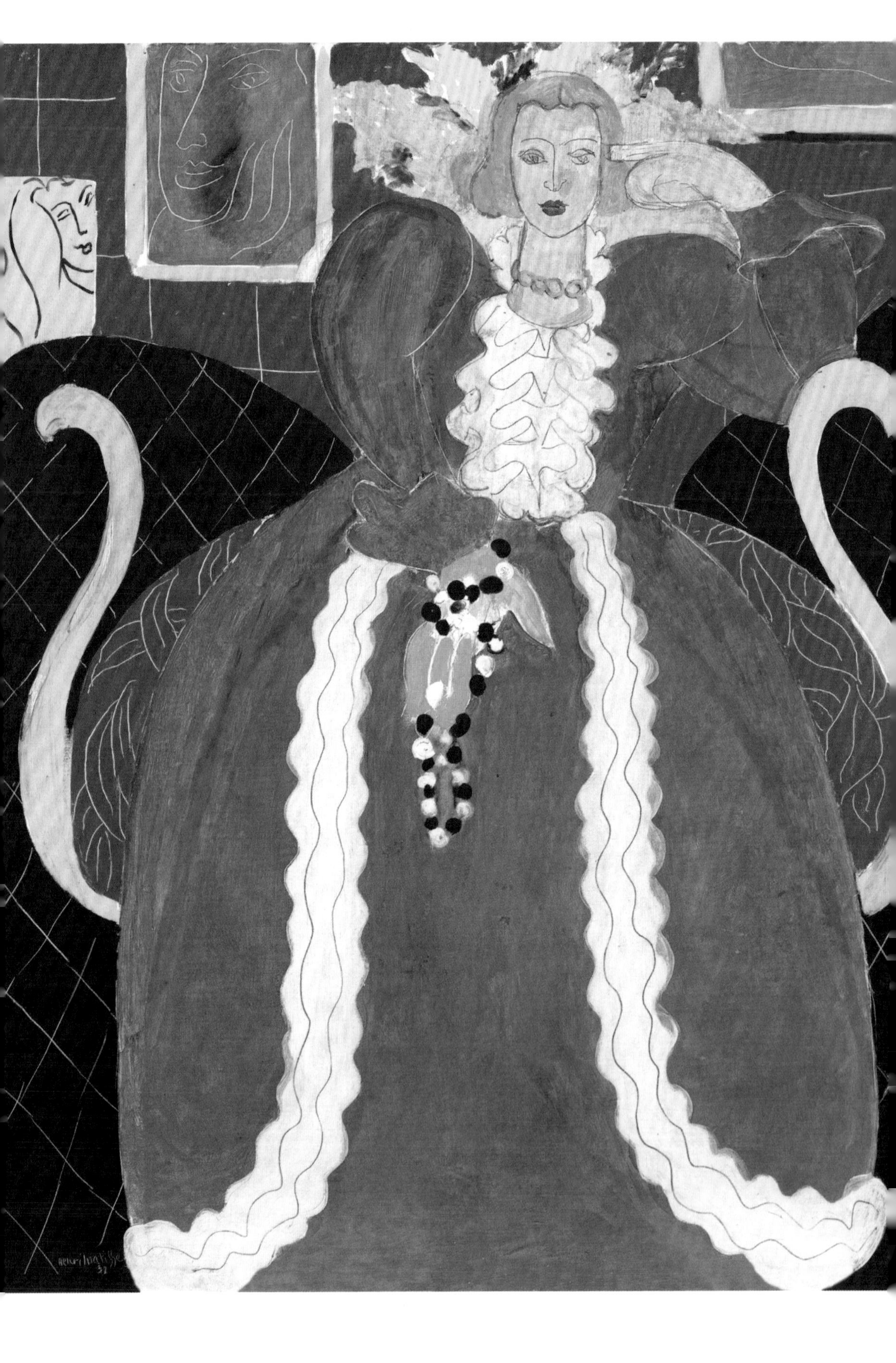

图 136（左）
亨利·马蒂斯（1869—1954），《蓝衣女子》，1937 年。布面油画，92.7 厘米 × 73.6 厘米。费城艺术博物馆。

图 137（右）
瓦妮莎·贝尔（1879—1961），《对话》，约 1913—1916 年。布面油画，86.6 厘米 × 81 厘米。塞缪尔 . 考陶尔德基金会。

绘画中都经过了修整和模式化处理，使其格外突出，比早期的毕加索或后期的马蒂斯的衣服要突出得多。这幅现代构图中，一组半长的衣着人物，背景有鲜花、窗帘和天空，显示出 17 世纪风俗画和宗教画的影响。前景遮盖物的大褶皱是对特·博尔奇和弘索斯特[7]的士兵身上的褶皱或者圭尔奇诺[8]和圭多·雷尼的圣经人物身上褶皱的发酵记忆；而贝尔的背景窗帘也充斥着巴洛克时期的艺术。但现代画家信奉道具和窗帘元素的超然形式力量，这种力量在圭多和维米尔的画作中则没有体现。画中，贝尔使人物脸部模糊，并极力使手、褶皱和颜色的对比区域模块化，因此，真正的对话是在它们之间。

也许 20 世纪初最具影响力的绘画运动是立体主义，它提议切断画家与任何早期阶段的现实主义的关系，他们认为无论这些印象如何缩小、风格化或抽象化，这些关系都无法彻底摆脱来自过去艺术的某个角度的光学印象。立体派的目标是构建一个更全面的感知事物的形式。欣赏者被邀请同时考虑三维主体的所有品质，由此

7　弘索斯特（Honthorst）：格里特·范·弘索斯特（Gerrit van Honthorst，1592—1656），是荷兰黄金时代的画家，以描绘人工照明的场景而闻名，最终获得了“夜之杰勒德”的绰号。

8　圭尔奇诺（Guercino，1591—1666）：意大利画家，以创作速度快而闻名，一生创作了大量的作品，很多都被艺术博物馆收藏。

图 138
卡齐米尔・马列维奇（1878—1935），《暴风雪后的村庄之晨》，1912 年。布面油画，80.7 厘米 × 80.8 厘米。所罗门・R. 古根海姆博物馆，纽约。

转化为一幅画，其中它的视觉特征——从所有方面看，甚至从内部看——被分解成一套交错的抽象绘画形式组件，便于加以重新创建。

在这样的方案中，服装和身体的差异消失了，构成人物和背景等元素之间的区别也消失了。对于单一的衣着形象，古代的图标格式将不再适用：一个人或一个物体不会被强迫放入其轮廓的监狱，一个人的群体也不会被驱赶到非人类环境的围栏内。绘画世界的解体使其所有的抽象元素可以自由地相互替代——而且最终使它们摆脱了所有的主题，所以后来的发展不可避免地导致了绝对的抽象，出现为其本身而画的形式。

立体主义是由毕加索和乔治·布拉克(Georges Braque)在1907年发起的，在随后的十年里，大多欧洲画家在不同程度上受到了这种思潮的影响。俄罗斯艺术家卡齐米尔·马列维奇(Kazimir Malevich)作为它的推崇者之一，希望艺术超越主题和对象，进入纯粹的绘画形式游戏；但就主题的表达而言，他做出了一些让步，其中一幅是1912年的《暴风雪后的村庄之晨》(*Morning in the Village after Snowstorm*，图138)。我们可以看到他努力将村庄烟囱的烟雾描绘成几何形状，并将夜间堆积的蓬松的雪堆雕刻成尖锐的纪念碑。妇女们厚重的裙子、靴子和手帕表现为纯粹的几何图形，当然，背影还把一个厚重的女人减少到只剩衣服的形状。牛奶罐与圆锥形的裙子相匹配，天空的蓝色与玫瑰的红色相匹配，烟雾与树顶相匹配，山丘与屋顶相匹配。画家指出，升起的炊烟、落下的白雪、女人、树木、小屋和山丘在他的画作中都是一种物质——也就是颜料的全部色调，被堆砌成一个非个人的体积系统。他所创造的宇宙止于画框，而这个村庄别无其他生命。

十年后的一幅由皮埃尔·穆尔格(Pierre Mourgue)创作的法国时装插画(图139)，显示了立体派对时尚艺术的影响，激发了对时尚的新认知——画中表现出一种新的冲动，把穿着衣服的女性形象解构成面目全非的抽象形状。构成这幅插画的大部分背景内容——立体主义风格的凡尔赛花园景色，使服装呈现了一种立体主义风格，成为17世纪女士骑马装的最新版本，正如副标题所说。这幅画的风格体现了高水平的现代时尚与高水平的现代艺术的融合；如果它不是一幅时装插图，这幅画很可能是科克托[9]戏剧或迪亚吉列夫[10]芭蕾舞剧的场景和服装设计。

在1922年的法国，为了保持优雅，女性的容貌必须符合法国立体主义的审美标准，在这里，它将其折射的目光投向了

9　科克托（Cocteau）：让·科克托(Jean Cocteau，1889—1963)，法国先锋派作家、艺术家。

10　迪亚吉列夫（Diaghilev，1872—1929）：俄国芭蕾舞大师。

图 139
皮埃尔·穆尔格，插画 1 《小姑娘》（*La Petite Mademoiselle*），1922 年，选自《邦顿报》第 1 期。澳大利亚国家美术馆，堪培拉。

威严的盛世时代[11]，这位插画师认为在画之外没有生命的存在。这幅画体现了插画的非个人化特征，立体主义的修饰在这里得到了很好的强调。插画师没有考虑到任何可能的服装穿着者的人性：我们只看到一个特定的抽象视觉效果的极端版本，没有穿着者，只有一些明显可分离的身体部位。他并没有完全遵循立体主义的主张，在画中记录了剪裁、修饰和配件的具体细节，对可能的人类顾客给予了必要的服装暗示。

费尔南·莱热（Fernand Léger）在 1914 年创作的立体主义作品《红绿相间的女人》（*Woman in Red and Green*，图 140）中，一个女性形象被描绘得非常有

11　盛世时代（Grand Siècle）：17 世纪，法国艺术文学的古典主义时期，特指路易十四世时期。

图 140
费尔南·莱热（1881—1955），《红绿相间的女人》，1914 年。布面油画，100 厘米 × 81 厘米。乔治·蓬皮杜中心，国家现代艺术博物馆，巴黎。

力，取得了与穆尔格插画不同的效果。在这幅画里，服装的细节是无法理解的，当她在城市的街道上行走时，协调一致的立方体和管状形式的能量强烈地暗示了这个女人的人性，这些形式构成了她穿着衣服和戴着帽子的身体，以及她尖角的手和脸（带有生动的单眼皮）。这条街也没有任何细节；但我们可以感受到繁忙的建筑和杂乱的服装，一个特别的女人在匆忙中移动，这是一个热闹的地方，生活正在进行。物体上的白色光泽暗示着明亮的阳光；而衣服对我们的眼睛的作用就像人们在城市中经常见的那样，作为路人生动的闪光的一部分，作为我们所处的整个闪烁的街道的一部分。这幅作品显示了现代艺术家可以很好地通过眼睛使服装以全新的绘画形式冲击心灵。

罗伯特·德劳内（Robert Delaunay）

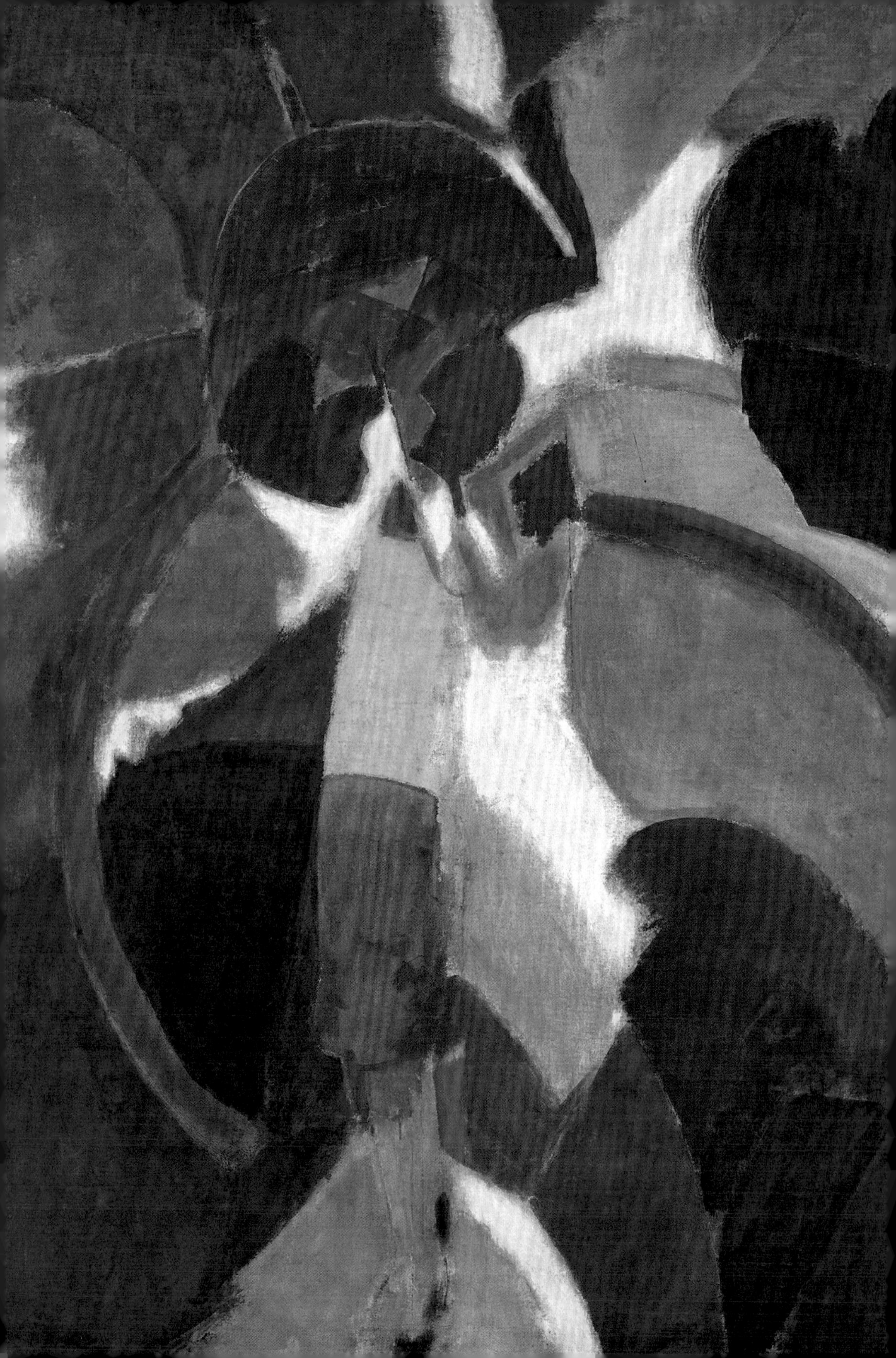

图 141（左）
罗伯特·德劳内（1885—1941），《撑伞的女人》，1913 年。布面油画，122 厘米 × 85.5 厘米。蒂森 - 博纳米萨博物馆，马德里。

是另一位希望完全超越主题进入纯色彩节奏的画家，但他有时也尝试表现一些暗示的实际情况，如 1913 年的《撑伞的女人》（*A Woman with a Parasol*，图 141）。这幅作品也被称为《巴黎人》，这个标题通常暗示着一个刻意展示而不着急的女人。他创造女人衣服的形状与莱热的方式完全不同，这里的一切都飘浮在弧线和颜色的屏幕上，不曾锐化为前卫的闪光，女人保持着一定的距离，也保持着静止。除了画家让她站在整齐的小块黑鞋上，我们根本看不到她的身影，所以，正是因为有了这些，我们才会追踪她那懒散的、色彩丰富的姿势曲线，而不去注意她的穿着或她的样子——我们只感觉到她的服装很简单，颜色不多，但很亮眼。画家让这一彩色交响乐音乐中最苍白和最明亮的条纹逼近她的周围，就像她吸引了光线一样，而遮阳伞的赤褐色圆顶似乎捕捉到了这些光线并将其截断。除此之外，整个温暖的环境似乎将遮阳伞、光线和女人一起包围在这个充满磁性的公园里。衣服又被画成了一个瞬间的整体，与这个画框中所有看到的和感觉到的东西密不可分。

对于肖像画中的服饰，现代画家有无限的选择，能够使衣服成为人物和环境的一部分，用它们来展示鲜艳的色彩对比或形状的和谐架构，以及表面的纹理或心理的张力。在 20 世纪中叶，现代肖像坚持着双重的传统，即遵守现代和古代的传统。在他 1949 年创作的 T.S. 艾略特[12]的肖像中（图 142），帕特里克·赫伦

12　T.S. 艾略特（T.S. Eliot）：托马斯·斯特尔那斯·艾略特（Thomas Stearns Eliot，1888—1965），英国诗人、剧作家和文学批评家，诗歌现代派运动领袖。1948 年获得诺贝尔文学奖。

（Patrick Heron）将艾略特裸露的脸和穿着衣服的身体作为一组绘画碎片重新组合起来，暗示一个人有两个自我，一张分裂的脸，从分裂的衣服中升起，在分裂的背景下显现出来。左半边的绿白花呢大衣泛白，同时左半边脸也面容苍白；右边受到沉重的紫色轮廓的威胁，它那刀削般的鼻子是画面的焦点，它的大耳朵遮住了他的小耳朵。画面的下面部分是件半身大衣，是赤褐色、淡紫色、深紫色和沙色的无序杂乱的混合体，侵占了白衬衫的真空地带，衣襟被扭曲成粗大的笔触。在高处，诗人头上的一朵银色的烟云将背景反过来分割，右边是和平的，左边是动荡的。

同时，这是一幅直截了当的半身像，光线来自左边的窗户，光线和阴影区域被分割成不同的色彩聚集和分布区域。左上角有蛇形的白色笔触，暗示着光线被悬挂的窗帘捕捉，光线进入脸部并垂落在该侧的衣肩上。右上角的笔触昏暗，描绘了一个有阴影的室内环境，右边的西装细节描绘得不太清晰，颜色也比较粗糙，说明那

图 142（左）
帕特里克·赫伦（1920—1999），
《托马斯·斯特尔纳斯·艾略特》
（*Thomas Stearns Eliot*），1949 年。
布面油画，76.2 厘米 × 62.9 厘米。
国家肖像馆，伦敦。

里的光线比较暗淡。脸部和西装的颜色不相匹配，产生了一种不和谐的视觉效果，这也许是画家根据原始立体主义的建议所表现的背景意图，它允许许多不同的有效视觉元素混合在一个图像中。西装外套本身被做成了视觉不和谐的媒介，将其自然匹配的两面展示出来，仿佛是混战中的对立双方。

作为立体主义概念特征的陪衬，以及对形式本身的不断的绘画分析，超现实主义运动发轫于 1924 年，旨在挖掘梦境、无意识的幻想、自由联想和不受控制的思想的表现，以此作为绘画图像的来源。在现实生活中，这一领域的视觉化呈现包括琐碎的细节，不管是睡着，还是醒着，呈现都非常自然，而与性和自我关系非常密切的身体和服装也经常出现在其中。超现实主义画家对这两者特别重视，但它们的出现并不总是在同一时间，其出现的方式也极为怪诞。马克斯·恩斯特（Max Ernst）的《圣塞西莉亚——看不见的钢琴》（*Saint Cecilia—The Invisible Piano*，图 143）是在超现实主义正式成立前一年的画作，但这件作品已经显示出恩斯特是最好的超现实主义画家之一，他总是准备为任何延伸的视觉幻想提供具体的案例。

这个穿戴整齐的女性形象不同于在立体派作品中看到的那种意象，在立体派作品中，所有的形式都被重新安排，为主体构建一个新的视觉方案，似乎是为了让画家对视觉的权威进行永久的宣示。恩斯特保持了形式表现的传统，但以一种不同的方式颠覆了主题的概念。他把理解留给了观者内心的眼睛，任其无限发挥，暗示他只是挖掘了现存视觉材料的无穷无尽的水井，其中的例子将被任何人从内部提取出来。

图 143（上）
马克斯·恩斯特（1891—1976），《圣塞西莉亚—看不见的钢琴》，1923 年。布面油画，101 厘米 × 82 厘米。斯图加特国家美术馆。

图 144（右）
雷内·马格利特（1898—1967），《闺房中的哲学》，1948 年。布面油画，46 厘米 × 37 厘米。私人收藏。

这个圣塞西莉亚[13]在空中弹奏钢琴，这是一架半建造、半破坏、半不存在的钢琴。她身陷其中，半囚禁、半登场，身披一件戴帽的歌剧斗篷，斗篷完全由古老的砖石制成，上面雕刻着眼睛做装饰。斗篷、钢琴和它们的平台都是用细棒圆头螺栓固定的，天空的固定也是如此。她穿着迷人的高跟鞋，膝盖和胸部、头发和裸露的手臂从她的石质斗篷中微妙地显露出来；她的脸被遮住了，就像我们之前看到的时装插画和德劳内的《巴黎人》一样。我们确信，这张脸，是个幻想的女人，存在于每个观者的心中。

当雷内·马格利特（René Magritte）在1948年画出《闺房中的哲学》（*Philosophy in the Boudoir*，图144）时，超现实主义已经成为一个古老的传统。书名取自萨德侯爵[14]1795年的著作，其中列举并描述了各种情欲的快感。马格利特在闺房中增加了一个画廊，在那里不能公开的东西可以挂在墙上。视觉的性爱幻想是马格利特表现的主题，在他眼里，这个主题唯有在绘画中才能表现——通过张扬他事无巨细的安排，这些幻想便浮出画面，给人以深刻的印象，难以忘怀。这个木制衣柜只有一个衣架，架子上有一件空衣服。画中仅此一件衣服，足以让人联想到所有精致的女性服饰，这些服饰丝毫不能遮掩心灵的眼睛——包括她的眼睛，我们的眼睛——即使她从未脱下衣服，但朴素的衣服下面光彩闪耀，仍能照亮我们的眼睛。

13　圣塞西莉亚（the Saint Cecilia）：生活于公元2世纪的古罗马，被誉为音乐家的守护圣人。

14　萨德侯爵（Marquis de Sade，1740—1814）：法国作家，是历史上最受争议的色情文学作家之一，被称为情色小说鼻祖。

参考书目

GENERAL WORKS

On the History of Art

Gombrich, E.H., *The Story of Art*, New York, 1950

Janson, H.W., *History of Art*, New York, 1991

Kubler, G., *The Shape of Time: Remarks on the History of Things*, New York, 1994

Malraux, A., *The Voices of Silence* (1949), tr. Stuart Gilbert, Princeton, 1978

On the History of Dress

Arnold, J., *A Handbook of Costume*, London, 1971

Ashelford, J., *The Art of Dress, Clothes and Society 1500–1914*, London, 1996

Boucher, F., *20,000 Years of Fashion*, New York, 1998

Cunnington, C.W. and P. Cunnington, *The History of Underclothes*, London, 1951

Davenport, M., *The Book of Costume*, New York, 1947; fifth printing 1962

Deslandres, Y., *Le Costume, l'image de l'homme*, Paris, 1976

Ewing, E., *Underwear: A History*, New York, 1972

On Dress in Art

Cunnington, P., *Costume in Pictures*, London, 1964

Costume in Art, The National Gallery, London, 1998

Dress and Drapery in Art

Bentivegna, F. C., *Abbigliamento e Costume nella Pittura Italiana*, vol. I, Rome, 1962

Birbari, E., *Dress in Italian Painting, 1450–1500*, London, 1975

Duer, J., 'Clothes and the Painter', in *Art and Life*, vol. II, 1919

Woolliscroft Rhead, G., *The Treatment of Drapery in Art*, London, 1904

On Art

Baxandall, M., *Painting and Experience in Fifteenth-Century Italy*, Oxford and New York, 1972

Beckwith, J., *The Art of Constantinople*, second edition, London, 1968

Carpenter, R., *Greek Sculpture*, Chicago, 1960

Gassiot-Talabot, G., *Roman and Early Christian Painting*, London, 1965

Hills, P., *The Light of Early Italian Painting*, New Haven and London, 1987

Lassaigne, J., *Flemish Painting*, vol. I, *The Century of Van Eyck*, Geneva and Paris, 1951

Panofsky, E., *Early Netherlandish Painting*, Cambridge,Massachusetts, 1953

Richter, G., *The Sculpture and Sculptors of the Greeks*, New Haven and London, 1970

Venturi, L., *Italian Painting*, vol. I,

CHAPTER I
CLOTH OF HONOUR

On Dress and Drapery

Bieber, M., *Griechische Kleidung*, Berlin and Leipzig, 1928

Blanc, O., *Parades et Parures: l'Invention du corps de mode à la fin du moyen age*, Paris, 1997

Cardon, D., *La Draperie au Moyen Age: Essor d'une grande industrie européenne*, Paris, 1999

Cunnington, C.W. and P. Cunnington, *Handbook of English Medieval Costume*, London, 1952

Herald, J., *Renaissance Dress in Italy, 1400–1500 (History of Dress Series)*, London, 1981

Piponnier, F. and P. Mane, *Dress in the Middle Ages*, tr. Caroline Beamish, New Haven and London, 1997

Repond, J., *Les Secrets de la Draperie Antique*, Studi di Antichita Cristiana, Pontificio Instituto d'Archeologia Cristiana, Rome, 1931

Scott, M., *Late Gothic Europe (History of Dress Series)*, London, 1980

Scott, P., *The Book of Silk*, London, 1993

The Creators of the Renaissance, tr. Stuart Gilbert, Geneva and Paris, 1957

CHAPTER II
LIBERATED DRAPERIES

On Dress

Newton, S.M., *The Dress of the Venetians, 1495–1525*, Aldershot, 1988

Ashelford, J., *Dress in the Age of Elizabeth I*, London, 1988

Cunnington, C.W. and P. Cunnington, *Handbook of English Costume in the Sixteenth Century*, London, 1954

Dress in Art

Bentivegna, F.C., *Abbigliamento e Costume nella Pittura Italiana*, vol. II, Rome, 1964

On Art

Bronstein, L., *El Greco*, New York, 1950

Campbell, L., *Renaissance Portraits*, New Haven, 1990

Freedberg, S.J., *Painting in Italy, 1500–1600*, third edition, New Haven and London, 1993

Friedlander, M., *Mannerism and Antimannerism in Italian Painting*, New York, 1957

Hope, C., *Titian*, London, 1980

Hope, C. and J. Martineau (eds), *The Genius of Venice* (catalogue), London, 1983

Humfrey, P., *Lorenzo Lotto*, New Haven and London, 1997

Murray, L., *The Late Renaissance and Mannerism*, London, 1967

Rearick, W.R., *The Art of Paolo Veronese*, Cambridge, 1988

Strong, R., *Tudor and Jacobean Portraits*, London, 1969

Venturi, L., *Italian Painting*, vol. II, *The Renaissance*, Geneva and Paris, 1957

CHAPTER III
SENSUALITY, SANCTITY, ZEAL

On Dress

Cunnington, C.W. and P. Cunnington, *Handbook of English Costume in the Seventeenth Century*, London, 1955

Stockar, J., *Kultur und Kleidung der Barockzeit*, Zurich, 1964

Von Boehn, M., *Modes and Manners* (1918), vol. III, *The Seventeenth Century*, tr. Joan Joshua, London, 1955

Waugh, N., *The Cut of Men's Clothes, 1600–1900*, London, 1964

Waugh, N., *The Cut of Women's Clothes, 1600–1935*, London, 1968

Dress in Art

Hollander, A., *Seeing through Clothes*, New York, 1978

Newton, S.M. (Pearce), 'Costume in Caravaggio's Painting', *The Magazine of Art*, vol. 46, April 1953, 147–154

Mellencamp, E.H., 'A Note on the Costume of Titian's Flora', *Art Bulletin*, vol. LI, no. 2 (June 1969), p. 174

On Art

Baticle, J., et al., *Zurbaran* (catalogue), New York, 1987

Baudoin, F., *Peter Paul Rubens*, tr. Elsie Callander, New York, 1977

Blunt, A., *Nicolas Poussin*, New York, 1967

Brown, B.L., et al., *The Genius of Rome 1592–1623* (catalogue), London, 2001

Brown C., et al., *Van Dyck 1599–1640* (catalogue), London and Antwerp, 1999

Friedlaender, W., *Caravaggio Studies*, Princeton, 1955

Hibbard, H., *Caravaggio*, New York, 1983

Lawner, L., *Lives of the Courtesans: Portraits of the Renaissance*, New York, 1987

Perez Sanchez, A., N. Spinosa et al., *Jusepe de Ribera, 1591–1652* (catalogue), New York, 1992

Waterhouse, E., *Italian Baroque Painting*, London, 1962

Wittkower, R., *Art and Architecture in Italy, 1600–1750*, Pelican History of Art Series, 1958

CHAPTER IV
HIGH ARTIFICE

On Dress

Cunnington, C.W. and P. Cunnington, *Handbook of English Costume in the Eighteenth Century*, London, 1957

Ribeiro, A., *Dress in Eighteenth-Century Europe, 1715–1789*, London, 1984

Roche, D., *The Culture of*

Clothing: Dress and Fashion in the Ancien Regime, tr. Jean Birrell, Cambridge, 1994

On Theatrical Costume

Laver, J., *Costume in the Theatre*, New York, 1965

Newton, S. M., *Renaissance Theatre Costume and the Sense of the Historic Past*, London, 1975

Von Boehn, M., *Das Buhnenkostum*, Berlin, 1921

On Art

Alpers, S. and M. Baxandall, *Tiepolo and the Pictorial Intelligence*, New Haven and London, 1994

Behermann, T., *Godfried Schalken*, Paris, 1988

Einberg, E., *Hogarth the Painter* (catalogue), London, 1997

France in the Eighteenth Century (catalogue), Royal Academy of Arts, Winter Exhibition 1968

Grasselli, M. M., P. Rosenberg et al., *Watteau, 1684–1721* (catalogue), New York, 1984

Laing, A., et al., *Francois Boucher, 1703–1770* (catalogue), New York, 1986

Levey, M., *Painting in Eighteenth-Century Venice*, London, 1959

Reynolds, J., *Discourses on Art*, ed. Robert R. Wark, New Haven and London, 1975

Rosenberg, P., *Fragonard* (catalogue), New York, 1988

Waterhouse, E., *Reynolds*, London, 1973

CHAPTER V
ROMANTIC SIMPLICITY: WOMEN
AND
CHAPTER VI
ROMANTIC SIMPLICITY: MEN

On Dress

Ribeiro, A., *The Art of Dress, Fashion in England and France 1750–1820*, New Haven and London, 1995

On Masculine Dress

Barbey d'Aurevilly, J., *Le Dandysme* (1844), tr. Douglas Ainslee, New York, 1988

Byrde, P., *The Male Image*, London, 1979

Delbourg-Delphis, M., *Masculin singulier: le dandysme et son histoire*, Paris, 1985

Chenoune, F., *Des Modes et des hommes, deux siècles d'élégance masculine*, Paris, 1993

Harvey, J., *Men in Black*, London, 1995

Hollander, A., *Sex and Suits*, New York, 1994

Marly, D. de, *Fashion for Men, an Illustrated History*, London, 1985

Moers, E., *The Dandy: Brummell to Beerbohm*, New York, 1960

On Art

Brookner, A., *Jacques-Louis David*, New York, 1980

Clark, K., *The Romantic Rebellion*, New York, 1973

French Painting 1774–1830: The Age of Revolution (catalogue), Detroit and New York, 1975

Honour, H., *Neo-Classicism*, London, 1968

Irwin, D., *English Neoclassical Art: Studies in Interpretation and Taste*, London, 1966

Praz, M., *On Neoclassicism*, Evanston, Illinois, 1969

Rosenblum, R., *Transformations in Late Eighteenth-Century Art*, Princeton, 1967

Tomory, P., *The Life and Art of Henri Fuseli*, New York, 1972

Vaughan, W., *William Blake*, London, 1977

Winckelmann, J. J., *Writings on Art*, selected and ed. David Irwin, London, 1972

CHAPTER VII
RESTRAINT AND DISPLAY,
CHAPTER VIII
NUDE AND MODE
AND
CHAPTER IX
WOMAN AS DRESS

On Dress

Cunnington, C. W. and P. Cunnington, *Handbook of English Costume in the Nineteenth Century*, London, 1959

On Feminine Dress in Pictures

Gibbs-Smith, C. H., *The Fashionable Lady in the 19th Century*, London, 1960

Hall-Duncan, N., *History of Fashion Photography*, New York, 1978

Harrison, M., *Appearances:*

Fashion Photography since 1945, London, 1991

Holland, V., *Hand-Colored Fashion Plates*, London, 1955

Moore, D.L., *Fashion through Fashion Plates 1771–1970*, London, 1971

Ribeiro, A., *Ingres in Fashion: Representations of Dress and Appearance in Ingres's Images of Women*, New Haven and London, 1999

Simon, M., *Fashion in Art: The Second Empire and Impressionism*, London, 1995

On Art

Boime, A., *The Academy and French Painting in the Nineteenth Century*, New Haven and London, 1986

Clark, K., *The Nude: A Study in Ideal Form*, London, 1956

Distel, A., et al., *Gustave Caillebotte: The Unknown Impressionist* (catalogue), London, 1996

Figures de Corot (catalogue), Musée du Louvre, Paris, 1962

Maas, J., *Victorian Painters*, New York, 1969

Reff, T., *Degas: The Artist's Mind*, New York, 1976

Rosenblum, R., and H.W. Janson, *Nineteenth-Century Art*, New York, 1984

Schapiro, M., *Impressionism: Reflections and Perceptions*, New York, 1997

Wentworth, M., *James Tissot*, Oxford, 1984

CHAPTER X
FORM AND FEELING

On Dress

Beaton, C., *The Glass of Fashion*, London, 1954

Laver, J., *Women's Dress in the Jazz Age*, London, 1964

Lipovetsky, G., *The Empire of Fashion: Dressing Modern Democracy*, tr. Catherine Porter, Princeton, 1994

Wilson, E., *Adorned in Dreams: Fashion and Modernity*, Berkeley and Los Angeles, 1987

On Art

Hughes, R., *The Shock of the New*, New York, 1981

Russell, J., *The Meanings of Modern Art*, New York, 1974

Schapiro. M., *Modern Art, 19th and 20th Centuries*, selected papers, New York, 1978

Steinberg, L., *Other Criteria, Confrontations with Twentieth-Century Art*, New York, 1972